One Pot

Vegan

101 Recettes véganes faciles à réaliser et savoureuses à déguster pour tous les jours !

Michèle COHEN

© 2021 M. COHEN

SOMMAIRE

En tant que mère occupée de deux jolies filles, je connais les difficultés de préparer des repas véganes tous les jours. Pendant des années, j'ai lutté pour trouver une façon saine de cuisiner et de manger tout en maintenant un mode de vie équilibré. Je finissais souvent par commander des plats à emporter ou à manger au restaurant et, par conséquent, je voyais la balance et ma tension artérielle augmenter.

Pour adopter un mode de vie plus sain, je me suis efforcée de cuisiner davantage à la maison et j'ai exploré le grand potentiel des plats en one-pot. Que ce soit à l'aide d'une poêle, d'une marmite, d'une cocotte-minute électrique ou d'une mijoteuse, j'ai rapidement constaté les avantages d'utiliser des ingrédients naturels et savoureux tout en passant moins de temps dans la cuisine.

Avec les repas one-pot, la cuisine de tous les jours est devenue beaucoup plus facile, car il suffit de mettre les ingrédients dans une casserole et de les laisser cuire jusqu'à ce qu'ils soient cuits. Fini les nombreux récipients et appareils que j'utilisais auparavant, et il n'y a presque plus de désordre à nettoyer.

Aujourd'hui, nous ne commandons des plats à emporter ou ne mangeons à l'extérieur que lors d'occasions spéciales, ce qui nous permet également de maîtriser notre budget familial. J'ai également la possibilité de donner l'exemple d'habitudes alimentaires saines à mes enfants. En ce qui concerne ma propre santé et mon mode de vie, j'ai finalement trouvé un équilibre entre une alimentation saine et la possibilité de passer du temps de qualité avec ma précieuse famille. Mon seul et unique secret est la cuisine one-pot.

En tant que végane, je sais qu'il est parfois difficile de trouver des recettes one-pot faciles à réaliser avec des ingrédients familiers et abordables. Avec ce livre, je veux partager les recettes économiques que j'ai conçues pour mes proches, en utilisant des ingrédients facilement disponibles. Il n'est pas nécessaire d'être une experte en cuisine pour réaliser ces plats ni de passer des heures dans la cuisine. J'ai fait en sorte que les choses soient simples et faciles, mais chaque recette est pleine de saveur, de sorte que même vos amis et votre famille végétariens et omnivores seront satisfaits.

J'espère que ce livre vous permettra de déguster chez vous des plats one-pot végétaliens plus sains et plus savoureux !

Petits-déjeuners

Pain d'avoine à la banane

Temps de cuisson : **2 minutes**
Rendement : **4 portions**

Ingrédients

- 2 4 tasses de lait d'amande non sucré
- 2 tasses de flocons d'avoine à l'ancienne
- 2 grosses bananes, réduites en purée
- 2 cuillères à soupe de sirop d'érable pur
- 1 cuillère à soupe de tahini
- 1 cuillère à soupe de graines de chia
- 1 cuillère à café de cannelle moulue
- 1 cuillère à café d'extrait de vanille
- 2 cuillères à soupe de noix hachées

Préparation

Dans un autocuiseur, mélangez le lait d'amande, l'avoine, les bananes, le sirop d'érable, le tahini, les graines de chia, la cannelle et la vanille.

Fermez le couvercle et scellez la valve. Faites cuire à haute pression pendant 2 minutes.

Relâchez délicatement la pression et ouvrez le couvercle. Remuez la préparation d'avoine, en raclant le fond avec une spatule. Garnissez de noix pour servir.

Conseil culinaire : Vous pouvez également préparer ce plat dans une marmite ou un four hollandais. Combinez tous les ingrédients (sauf les noix) et faites cuire, à couvert, à feu moyen jusqu'à ce que presque tout le liquide soit absorbé. Éteignez le feu, remuez et laissez reposer pendant quelques minutes avant de garnir de noix et de servir.

Valeurs nutritionnelles par portion

11 g de matières grasses ; 53 g de glucides ; 9 g de fibres ; 9 g de protéines

Brouillade de tofu

Temps de cuisson : **20 minutes**
Rendement : **4 portions**

Ingrédients

- 2 cuillères à café d'huile d'olive
- 1 cuillère à café d'ail haché
- 1 tasse d'oignon haché
- ½ tasse de tomates hachées
- ¼ de tasse d'olives noires tranchées
- 2 cuillères à café d'assaisonnement marocain
- 400 g de tofu extra-ferme, égoutté, pressé et émietté

Préparation

Dans une poêle à feu moyen, faites chauffer l'huile d'olive. Ajoutez l'ail et faites-le sauter pendant 30 secondes. Ajoutez l'oignon et faites-le sauter pendant environ 2 minutes jusqu'à ce qu'il soit translucide.

Incorporez la tomate et faites-la cuire pendant 4 à 5 minutes, jusqu'à ce qu'elle devienne pâteuse et bien cuite.

Ajoutez les olives et l'assaisonnement marocain et faites cuire, en remuant, pendant environ 30 secondes.

Ajoutez le tofu émietté et mélangez bien, en raclant le fond de la poêle. Faites cuire pendant 5 à 7 minutes, en remuant fréquemment et en raclant le tofu du fond de la poêle avec une spatule pour qu'il ne colle pas, jusqu'à ce que le tofu soit bien sec.

Conseil de variation : Ajoutez ¼ de tasse de poivron vert haché avec l'oignon et ½ tasse de chou frisé haché avec la tomate. Si vous voulez un coup de fouet épicé, sautez l'assaisonnement marocain et utilisez plutôt du curcuma et de la poudre de chili.

Valeurs nutritionnelles par portion

9 g de matières grasses ; 10 g de glucides ; 3 g de fibres ; 12 g de protéines

Crêpes au babeurre

Temps de cuisson : **20 minutes**
Rendement : **4 portions**

Ingrédients

- 2 tasses de lait d'amande non sucré
- 2 cuillères à soupe de vinaigre blanc, ou de jus de citron fraîchement pressé
- 1½ tasse de farine de pois chiches
- ½ tasse de farine d'amande
- ¼ tasse de graines de chia
- ¼ tasse de sucre brun
- 2 cuillères à café de levure chimique
- ½ cuillère à café de sel
- ½ tasse de fruits frais, comme des fraises ou des myrtilles tranchées
- Sirop d'érable pur, pour servir

Préparation

Préchauffez le four à 175 °C. Enduisez une plaque à pâtisserie (de 22 x 33 cm) avec du spray de cuisson. Mettez-la de côté.

Dans un grand bol, combinez le lait d'amande et le vinaigre. Laissez reposer pendant 15 minutes.

Ajoutez la farine de pois chiches, la farine d'amandes, les graines de chia, le sucre brun, la levure chimique et le sel. Fouettez pendant 3 à 5 minutes jusqu'à ce qu'il n'y ait presque plus de grumeaux. Versez la pâte sur la plaque à pâtisserie préparée.

Faites cuire au four pendant 20 minutes, ou jusqu'à ce que le dessus soit pris et sec. Une fourchette insérée au centre de la crêpe doit ressortir propre.

Laissez la crêpe refroidir sur une grille pendant 2 minutes et coupez-la en quatre tranches. Garnissez-les de fruits et de sirop d'érable pour les servir.

Conseil de cuisine : Pour faire les crêpes sur la cuisinière, versez ¼ de tasse de pâte sur une poêle graissée à feu moyen. Faites cuire pendant 1 à 2 minutes jusqu'à ce que le dessus commence à sécher. À l'aide d'une spatule, retournez la crêpe et laissez-la cuire pendant 1 à 2 minutes de plus jusqu'à ce qu'elle soit légèrement dorée.

Valeurs nutritionnelles par portion

14 g de matières grasses ; 56 g de glucides ; 15 g de fibres ; 16 g de protéines

Granola aux pépites de chocolat

Temps de cuisson : **20 minutes**
Rendement : **6 portions**

Ingrédients

- 1 tasse de flocons d'avoine à l'ancienne
- ¼ tasse de pépites de chocolat véganes
- ¼ tasse de sirop d'érable pur
- 1 cuillère à café d'huile d'olive
- 1 cuillère à café d'extrait de vanille
- ¼ cuillère à café de sel

Préparation

Préchauffez le four à 175 °C.

Sur une plaque à pâtisserie de 22 x 33 cm, mélangez l'avoine, les pépites de chocolat, le sirop d'érable, l'huile d'olive, la vanille et le sel. Répartissez le mélange uniformément sur la plaque à pâtisserie.

Faites cuire au four pendant 10 minutes. À l'aide d'une spatule, remuez le granola en l'étalant de nouveau uniformément. Laissez cuire 10 minutes de plus, jusqu'à ce que le mélange soit doré.

Laissez le granola refroidir sur une grille pendant 2 minutes pour qu'il prenne une texture plus croustillante.

Conseil de variation : Pour une finition plus douce et plus beurrée, tapissez une plaque à pâtisserie de papier cuisson. Mélangez tous les ingrédients dans un grand bol, puis incorporez 1 cuillère à soupe de beurre végane, fondu. Déposez le granola sur la plaque préparée et répartissez-le uniformément à l'aide d'une spatule. Faites cuire au four comme indiqué. Notez que la plupart des beurres véganes contiennent du soja.

Valeurs nutritionnelles par portion

4 g de matières grasses ; 25 g de glucides ; 2 g de fibres ; 2 g de protéines

Gruau aux baies

Temps de cuisson : **15 minutes**
Rendement : **4 portions**

Ingrédients

- 1 cuillère à soupe de beurre végane
- 1 tasse de fraises fraîches tranchées
- ½ tasse de myrtilles fraîches
- ¼ tasse de framboises fraîches
- 2 cuillères à soupe de sirop d'érable pur
- 1 cuillère à soupe de graines de chia
- 1 cuillère à soupe de graines de chanvre
- 3 tasses de lait d'amande non sucré
- 1 tasse de polenta
- ⅛ cuillère à café de sel

Préparation

Dans une marmite à feu vif, faites fondre le beurre, environ 30 secondes.

Réduisez le feu à faible intensité. Ajoutez les fraises, les myrtilles et les framboises et remuez jusqu'à ce que les baies soient bien enrobées de beurre.

Incorporez le sirop d'érable, les graines de chia et les graines de chanvre pour les combiner.

Incorporez le lait d'amande. Augmentez le feu à un niveau élevé. Couvrez la marmite et laissez cuire pendant 2 à 3 minutes jusqu'à ce que le mélange commence à bouillir.

Incorporez la polenta et le sel. Ajustez le feu à moyen, couvrez à nouveau la marmite et laissez cuire pendant 5 minutes. Ouvrez le couvercle et remuez une fois. Éteignez le feu, couvrez à nouveau la marmite et laissez le mélange reposer pendant 1 à 2 minutes jusqu'à ce que le liquide soit absorbé.

Goûtez et ajoutez du sirop d'érable, au besoin.

Conseil de variation : Au lieu de baies fraîches, ajoutez 1½ tasse de pommes tranchées et ½ cuillère à café de cannelle moulue au beurre fondu et faites cuire comme indiqué.

Valeurs nutritionnelles par portion

7 g de matières grasses ; 46 g de glucides ; 5 g de fibres ; 6 g de protéines

Quinoa au beurre de cacahuète

Temps de cuisson : **12 minutes**
Rendement : **6 portions**

Ingrédients

- 2¾ tasses de lait d'amande non sucré
- 1¼ tasse de quinoa, rincé
- ¼ tasse de beurre de cacahuète.
- ¼ tasse de sirop d'érable pur
- 1 pincée de sel
- Amandes effilées et myrtilles fraîches, pour la garniture

Préparation

Dans un autocuiseur électrique, mélangez le lait d'amande, le quinoa, le beurre de cacahuète, le sirop d'érable et le sel. Fermez le couvercle et scellez la valve. Faites cuire à haute pression pendant 2 minutes.

Laissez la pression se relâcher naturellement pendant environ 10 minutes. Relâchez rapidement ce qui reste avant d'ouvrir soigneusement le couvercle.

Remuez et servez le quinoa chaud dans des bols avec les amandes, les myrtilles et plus de sirop d'érable.

Conseil culinaire : Vous pouvez faire ce plat dans une marmite. Combinez tous les ingrédients dans la marmite à feu moyen. Couvrez la casserole et faites cuire de 5 à 7 minutes, en remuant toutes les minutes, jusqu'à ce que tout le liquide soit absorbé.

Valeurs nutritionnelles par portion

9 g de matières grasses ; 37 g de glucides ; 4 g de fibres ; 8 g de protéines

Pain perdu à la cannelle

Temps de cuisson : **30 minutes**
Rendement : **4 portions**

Ingrédients

- 2 cuillères à soupe de farine de lin
- 2 tasses de lait d'amande non sucré
- ¼ tasse de sirop d'érable pur
- 2 cuillères à café de beurre végane, fondu
- 1 cuillère à café d'extrait de vanille
- ¼ cuillère à café de cannelle moulue
- 4 tasses de cubes de pain complet
- ½ tasse de noix hachées
- Poudre de vanille, pour assaisonner

Préparation

Dans un petit bol, mélangez la farine de lin et 5 cuillères à soupe d'eau. Laissez reposer pendant environ 5 minutes.

Préchauffez le four à 190 °C. Enduisez une plaque à pâtisserie (de 22 x 33 cm) avec du spray de cuisson.

Dans un grand bol, fouettez le lait d'amande, le sirop d'érable, la farine de lin, le beurre, la vanille et la cannelle, en brisant tout amas dans la pâte. Versez le mélange sur la plaque à pâtisserie préparée.

Ajoutez les cubes de pain et les noix. À l'aide d'une spatule, mélangez délicatement pour bien combiner, en veillant à tremper chaque cube de pain dans le mélange pour qu'aucun morceau ne reste sec.

Faites cuire au four pendant 30 à 40 minutes, ou jusqu'à ce que le dessus soit croustillant. Assaisonnez au goût avec de la poudre de vanille.

Conseil de variation : Versez votre sirop préféré sur ce pain perdu. Le sirop d'érable et le sirop de bleuets sont tous deux de bons choix.

Valeurs nutritionnelles par portion

19 g de matières grasses ; 61 g de glucides ; 12 g de fibres ; 14 g de protéines

Gruau aux légumes

Temps de cuisson : **10 minutes**
Rendement : **4 portions**

Ingrédients

- 1 cuillère à soupe d'huile d'olive
- 1 cuillère à café de graines de fenouil
- 1 tasse de petits pois et de carottes mélangés surgelés
- ½ tasse de poivron vert haché
- 2 tasses de flocons d'avoine à l'ancienne
- 1 cuillère à café de sel
- ½ cuillère à café de poudre de chili
- ½ cuillère à café de cumin moulu
- ¼ cuillère à café de curcuma moulu

Préparation

Dans une grande marmite à feu vif, faites chauffer l'huile d'olive. Ajoutez les graines de fenouil et faites-les cuire pendant environ 30 secondes jusqu'à ce qu'elles soient odorantes.

Réduisez le feu à moyen. Ajoutez les petits pois et les carottes et faites-les sauter pendant 1 minute jusqu'à ce qu'ils ramollissent. Incorporez le poivron vert et faites-le sauter pendant 30 secondes de plus.

Ajoutez l'avoine, le sel, la poudre de chili, le cumin, le curcuma et 4½ tasses d'eau. Remuez pour mélanger le tout. Réglez le feu à un niveau élevé et laissez cuire pendant 1 à 2 minutes jusqu'à ce que l'avoine arrive à ébullition.

Réglez le feu à moyen. Couvrez la casserole et laissez cuire pendant 3 à 4 minutes jusqu'à ce que l'avoine commence à épaissir.

Réduisez le feu à faible intensité, remuez le mélange pour éviter qu'il ne colle, et faites cuire pendant 1 minute de plus.

Conseil de cuisine : Les restes peuvent être consommés comme du pilaf. Il suffit de réchauffer l'avoine avec ¼ à ½ tasse d'eau jusqu'à ce qu'elle atteigne la consistance souhaitée.

Valeurs nutritionnelles par portion

7 g de matières grasses ; 33 g de glucides ; 6 g de fibres ; 7 g de protéines

<u>Gruau d'avoine aux champignons</u>

Temps de cuisson : **15 minutes**
Rendement : **5 portions**

Ingrédients

- 1 cuillère à soupe de beurre végane
- 1 tasse de champignons blancs coupés en tranches
- 1 cuillère à café d'origan séché
- 1 cuillère à soupe de graines de chanvre
- ½ cuillère à café de sel
- 1 tasse de gruau d'avoine

Préparation

Dans une marmite à feu moyen, faites fondre le beurre. Ajoutez les champignons et faites-les sauter pendant 4 à 5 minutes jusqu'à ce qu'ils soient dorés.

Réduisez le feu à moyen doux. Ajoutez l'origan, les graines de chanvre, le sel et 3 tasses d'eau. Remuez pour combiner le tout.

Réglez le feu à un niveau élevé. Couvrez la marmite et laissez cuire pendant 2 à 3 minutes jusqu'à ce que le liquide commence à bouillir.

Réduisez le feu à moyen doux et incorporez le gruau d'avoine. Couvrez à nouveau la marmite et laissez cuire pendant environ 5 minutes jusqu'à ce que tout le liquide soit absorbé. Éteignez le feu et laissez la marmite reposer, couverte, pendant 1 minute.

Remuez. Goûtez et assaisonnez de sel, si nécessaire.

Conseil de variation : Remplacez l'origan par du romarin ou du thym.

Valeurs nutritionnelles par portion

4 g de matières grasses ; 26 g de glucides ; 1 g de fibres ; 4 g de protéines

Pain perdu à l'indienne

Temps de cuisson : **10 minutes**
Rendement : **4 portions**

Ingrédients

- 1 cuillère à soupe d'huile d'olive
- 1 cuillère à café de graines de moutarde
- ½ tasse d'oignon haché
- ¼ tasse de cacahuètes crues
- 1 tasse de tomate hachée
- ½ cuillère à café de poudre de chili
- ¼ cuillère à café de curcuma moulu
- 8 tranches de pain, coupées en carrés
- 1 cuillère à café de sel
- 1 cuillère à soupe de ketchup

Préparation

Dans une poêle à feu vif, faites chauffer l'huile d'olive. Ajoutez les graines de moutarde et dès qu'elles commencent à crépiter, ajoutez l'oignon et les cacahuètes. Faites-les sauter pendant 30 secondes.

Ajoutez la tomate et faites-la sauter pendant 2 à 3 minutes jusqu'à ce qu'elle devienne pâteuse. Incorporez la poudre de chili et le curcuma.

Réduisez le feu à moyen doux et ajoutez le pain, le sel et 1 cuillère à soupe d'eau. Mélangez bien tous les ingrédients.

Ramenez le feu à un niveau doux. Couvrez la poêle et laissez cuire pendant 3 à 4 minutes.

Goûtez et assaisonnez de sel, si nécessaire. Incorporez le ketchup.

Conseil de cuisson : Si vous souhaitez que les toasts soient plus croustillants, à la dernière étape, laissez le mélange cuire, à découvert, à feu vif pendant 2 à 3 minutes, en raclant délicatement le fond de la poêle toutes les minutes pour que le pain ne colle pas.

Valeurs nutritionnelles par portion

12 g de matières grasses ; 52 g de glucides ; 12 g de fibres ; 15 g de protéines

<u>Shakshuka épicée au tofu</u>

Temps de cuisson : **20 minutes**
Rendement : **8 portions**

Ingrédients

- 4 cuillères à soupe d'huile d'olive
- 1 tasse d'oignon haché
- 2 tasses de tomates hachées
- 2 cuillères à soupe de pâte de tomate
- ½ cuillère à café de sucre
- 2½ cuillères à café de paprika
- 2 cuillères à café de cumin moulu
- 2 cuillères à café de sel
- ¾ cuillère à café de poudre de chili
- 1 boîte (400 g) de haricots blancs, égouttés et rincés
- 400 g de tofu extra-ferme, coupé en tranches de 5 cm

Préparation

Dans une poêle à feu vif, faites chauffer l'huile d'olive. Ajoutez l'oignon et faites-le sauter pendant environ 2 minutes jusqu'à ce qu'il commence à brunir. Incorporez la tomate, la pâte de tomate et le sucre. Faire cuire pendant 1 à 2 minutes jusqu'à ce que la tomate soit pâteuse et bien cuite.

Ajoutez le paprika, le cumin, le sel, la poudre de chili, les haricots et ¾ de tasse d'eau. Réglez le feu à moyen et faites cuire pendant environ 1 minute jusqu'à ce que le mélange commence à bouillir.

Avec une spatule, étalez la sauce en une couche uniforme dans la poêle et recouvrez-la avec le tofu tranché. Réglez le feu à moyen doux. Couvrez la poêle et laissez cuire pendant 10 minutes. Ouvrez le couvercle, retournez les morceaux de tofu et laissez cuire, à couvert, pendant 5 minutes supplémentaires.

Éteignez le feu et laissez reposer pendant 2 minutes de plus, sans remuer, pour permettre l'absorption de tout liquide supplémentaire.

Conseil de variation : si vous aimez un petit-déjeuner vraiment épicé, arrosez le tout d'un peu de sauce piquante (sriracha ou tabasco).

Valeurs nutritionnelles par portion

20 g de matières grasses ; 31 g de glucides ; 9 g de fibres ; 19 g de protéines

Patate douce aux haricots noirs

Temps de cuisson : **10 minutes**
Rendement : **6 portions**

Ingrédients

- 3 cuillères à soupe d'huile d'olive
- 2 patates douces, pelées et finement hachées
- 1 boîte (400 g) de haricots noirs, égouttés et rincés
- 2 cuillères à soupe de ciboulette fraîche hachée
- 2 cuillères à café d'assaisonnement à la harissa
- 1 cuillère à café de sel
- 1 cuillère à café de poivre noir fraîchement moulu
- ½ cuillère à café de paprika
- 1 cuillère à soupe de sauce piquante

Préparation

Dans une poêle à feu vif, faites chauffer l'huile d'olive. Ajoutez les patates douces et faites-les sauter pendant 4 à 5 minutes jusqu'à ce qu'elles ramollissent.

Incorporez les haricots noirs, la ciboulette, la harissa, le sel, le poivre et le paprika.

Mettez le feu à moyen. Couvrez la poêle et laissez cuire pendant 5 minutes jusqu'à ce que les patates douces soient bien cuites et commencent à être croustillantes et à former une légère couche dorée sur les morceaux. Incorporez la sauce piquante.

Suggestion de présentation : Si vous aimez les petits-déjeuners plus copieux, associez ce plat aux *Brouillades de tofu* ou au *Shakshuka épicée au tofu* et servez-le sur des toasts.

Valeurs nutritionnelles par portion

7 g de matières grasses ; 23 g de glucides ; 5 g de fibres ; 5 g de protéines

Casserole de burrito

Temps de cuisson : **30 minutes**
Rendement : **6 portions**

Ingrédients

- 2 cuillères à soupe d'huile d'olive
- 1 cuillère à soupe d'ail haché
- 1 tasse d'oignon haché
- 1 tasse de poivron vert haché
- 4 tasses de tomates hachées
- 2 boîtes (800 g) de haricots noirs, égouttés et rincés
- 1 tasse de maïs congelé
- 3 cuillères à soupe d'assaisonnement pour tacos
- 2 cuillères à café de cumin moulu
- 1 cuillère à café de sel
- 1 tasse de fromage mozzarella végane
- 5 tortillas de farine ou de maïs, coupées en quatre

Préparation

Préchauffez le four à 175 °C.

Dans un faitout à feu doux, faites chauffer l'huile d'olive. Ajoutez l'ail et faites-le sauter pendant 30 secondes. Incorporez l'oignon et faites-le sauter pendant environ 2 minutes jusqu'à ce qu'il soit doré.

Portez le feu à moyen. Ajoutez le poivron vert et faites-le sauter pendant 1 minute. Ajoutez la tomate, couvrez la marmite et laissez cuire pendant 3 à 4 minutes jusqu'à ce qu'elle soit en bouillie.

Incorporez les haricots noirs, le maïs, l'assaisonnement pour tacos, le cumin et le sel, en mélangeant jusqu'à ce que le tout soit homogène. Ajoutez ½ tasse d'eau, remuez, recouvrez à nouveau la marmite et faites cuire pendant 2 minutes.

Retirez le couvercle et laissez cuire pendant 2 minutes de plus sans remuer le mélange. Éteignez le feu et saupoudrez ½ tasse de mozzarella sur le dessus. Ajoutez une couche de tortillas, en veillant à couvrir toute la poêle. Recouvrez avec la ½ tasse de mozzarella restante.

Faites cuire au four pendant 15 minutes, ou jusqu'à ce que le fromage soit fondu.

Valeurs nutritionnelles par portion

13 g de matières grasses ; 57 g de glucides ; 11 g de fibres ; 14 g de protéines

Frittata aux haricots noirs

Temps de cuisson : **20 minutes**
Rendement : **4 portions**

Ingrédients

- 1½ tasse de farine de pois chiches
- 1 boîte (400 g) de haricots noirs, égouttés et rincés
- 1 cuillère à café de sel
- ½ cuillère à café de poivre de cayenne
- ¼ cuillère à café de curcuma moulu
- ½ tasse d'oignon rouge tranché
- ½ tasse de tomates cerises coupées en tranches

Préparation

Préchauffez le four à 175 °C.

Sur une plaque à pâtisserie (de 22 x 33 cm), à l'aide d'une spatule, mélangez la farine de pois chiches et 1½ tasse d'eau jusqu'à ce que le mélange soit lisse.

Ajoutez les haricots noirs, le sel, le poivre de Cayenne et le curcuma et remuez avec la spatule, en veillant à ce que la pâte soit répartie uniformément dans la plaque.

Déposez délicatement les tranches d'oignon rouge et les tomates cerises sur la pâte.

Faites cuire au four pendant 20 à 25 minutes, ou jusqu'à ce que la frittata soit bien cuite et qu'un cure-dent inséré au centre en ressorte propre.

Laissez refroidir sur une grille pendant au moins 1 minute pour que la frittata glisse facilement hors du moule. Coupez la frittata en 4 morceaux et servez.

Conseil de variation : Pour plus de saveur, ajoutez des tranches de poivron vert ou rouge à l'oignon rouge et aux tomates et suivez la recette comme indiqué.

Valeurs nutritionnelles par portion

3 g de matières grasses ; 47 g de glucides ; 13 g de fibres ; 16 g de protéines

Soupes et ragoûts

Soupe noces à l'italienne

Temps de cuisson : **45 minutes**
Rendement : **6 portions**

Ingrédients

- 400 g de tofu extra-ferme
- 2 cuillères à café d'assaisonnement italien
- 1 cuillère à café de sel
- ½ cuillère à café de poivre de cayenne
- ¾ tasse de chapelure
- 2 cuillères à soupe d'huile d'olive
- 5 tasses de bouillon de légumes
- 1 tasse de pousses d'épinards frais
- ½ tasse de carottes hachées
- ½ tasse de couscous

Préparation

Dans un grand bol, émiettez le tofu avec vos mains. Ajoutez l'assaisonnement italien, le sel et le poivre de Cayenne. Mélangez jusqu'à ce que tout soit bien combiné. Ajoutez la chapelure et mélangez jusqu'à ce qu'elle soit bien combinée. Façonnez le mélange en 12 petites boulettes et mettez-les de côté.

Dans un faitout à feu moyen, faites chauffer l'huile d'olive. Ajoutez les boulettes de tofu en une seule couche. Couvrez la marmite et laissez cuire pendant environ 15 minutes jusqu'à ce que le fond des boulettes de tofu soit brun. Retournez délicatement les boulettes à l'aide d'une spatule ou de pinces, couvrez à nouveau la marmite et laissez cuire 10 minutes de plus.

Réglez le feu à un niveau élevé. Ajoutez le bouillon de légumes, les épinards et la carotte. Faites cuire pendant 5 minutes, en remuant doucement sans casser les boulettes de tofu.

Ajoutez le couscous et poursuivez la cuisson pendant environ 3 minutes. Éteignez le feu, couvrez à nouveau la marmite et laissez reposer pendant environ 10 minutes jusqu'à ce que le couscous flotte au-dessus de la soupe.

Conseil de variation : au lieu des épinards, essayez un autre vert comme le chou frisé ou les feuilles de moutarde.

Valeurs nutritionnelles par portion

8 g de matières grasses ; 27 g de glucides ; 3 g de fibres ; 11 g de protéines

Soupe aux haricots noirs

Temps de cuisson : **15 minutes**
Rendement : **6 portions**

Ingrédients

- 1 cuillère à soupe d'huile d'olive
- 1 cuillère à café d'ail haché
- ½ tasse d'oignon haché
- 1 boîte (400 g) de haricots noirs, égouttés et rincés
- ½ tasse de maïs congelé
- 2 cuillères à soupe d'assaisonnement pour tacos
- 5 tasses de bouillon de légumes
- 2 cuillères à soupe de coriandre fraîche hachée
- Sel

Préparation

Dans une marmite à feu vif, faites chauffer l'huile d'olive. Ajoutez l'ail et faites-le sauter pendant 30 secondes.

Baissez le feu à moyen. Ajoutez l'oignon et faites-le sauter pendant 3 à 4 minutes jusqu'à ce qu'il soit doré.

Incorporez les haricots noirs, le maïs et l'assaisonnement pour tacos.

Ajoutez le bouillon de légumes et la coriandre. Réglez le feu à un niveau élevé, couvrez la marmite et laissez cuire pendant 5 minutes. Goûtez et assaisonnez avec du sel.

Valeurs nutritionnelles par portion

3 g de matières grasses ; 20 g de glucides ; 5 g de fibres ; 5 g de protéines

Soupe Thaï aux patates douces

Temps de cuisson : **15 minutes**
Rendement : **4 portions**

Ingrédients

- 4½ tasses de bouillon de légumes
- 3 patates douces, pelées et grossièrement hachées
- ¼ tasse de flocons de noix de coco non sucrés
- 2 cuillères à café de poudre de curry rouge
- 1 cuillère à café de gingembre moulu
- 1 gousse d'ail écrasée
- 1 tasse de lait de coco entier en conserve
- 2 cuillères à soupe de jus de citron fraîchement pressé
- 1½ cuillère à café de sel
- ¼ tasse de coriandre fraîche

Préparation

Dans un autocuiseur électrique, mélangez le bouillon de légumes, les patates douces, les flocons de noix de coco, le curry rouge, le gingembre et l'ail. Fermez le couvercle et scellez la valve. Faites cuire à haute pression pendant 10 minutes.

Relâchez délicatement la pression et ouvrez le couvercle.

À l'aide d'un mixeur à immersion, mixez les ingrédients. Sinon, transférez la soupe dans un robot standard, en travaillant par lots, si nécessaire, et mixez jusqu'à ce que la soupe soit lisse et crémeuse, 1 à 2 minutes. Si vous utilisez un robot standard, remettez la soupe dans la marmite.

Incorporez le lait de coco, le jus de citron et le sel. Répartissez la soupe dans 4 bols, garnissez-les de coriandre fraîche et servez.

Valeurs nutritionnelles par portion

14 g de matières grasses ; 31 g de glucides ; 5 g de fibres ; 3 g de protéines

Soupe Minestrone

Temps de cuisson : **25 minutes**
Rendement : **6 portions**

Ingrédients

- 2 cuillères à soupe d'huile d'olive
- 1 cuillère à soupe d'ail haché
- 1 cuillère à soupe de basilic frais haché
- 1 tasse d'oignon haché
- 1 cuillère à soupe de pâte de tomate
- 1 tasse de légumes mélangés congelés (poivron, brocoli, oignon, carotte, maïs, etc.)
- 6 tasses de bouillon de légumes
- 1 boîte (400 g) de haricots mélangés, égouttés et rincés
- ½ tasse de pâtes fusilli à grains entiers
- 1¼ cuillère à café de sel
- 1 cuillère à café de poivre noir fraîchement moulu

Préparation

Dans une marmite à feu moyen, faites chauffer l'huile d'olive. Ajoutez l'ail et le basilic. Faites-les sauter pendant 30 secondes. Ajoutez l'oignon et faites-le sauter pendant 3 à 4 minutes jusqu'à ce qu'il soit doré.

Incorporez la pâte de tomate et faites cuire, en remuant, pendant 30 secondes jusqu'à ce que l'oignon soit bien enrobé de pâte de tomate. Ajoutez les légumes mélangés, couvrez la marmite et laissez cuire, en remuant une ou deux fois, pendant 1 minute.

Réglez le feu à un niveau élevé. Ajoutez le bouillon de légumes et les haricots mélangés. Couvrez à nouveau la marmite et faites cuire, en remuant une ou deux fois, pendant 3 à 4 minutes jusqu'à ce que le bouillon commence à bouillir. Baissez le feu pour maintenir un frémissement et laissez cuire pendant 5 minutes.

Augmentez le feu à un niveau élevé. Ajoutez les pâtes, le sel et le poivre. Laissez cuire, à découvert, pendant 5 à 7 minutes jusqu'à ce que les pâtes soient al dente.

Conseil de variation : La soupe Minestrone était traditionnellement préparée pour utiliser les restes de produits, alors n'hésitez pas à ajouter d'autres légumes ou des légumes verts si vous voulez une soupe encore plus consistante.

Valeurs nutritionnelles par portion

5 g de matières grasses ; 25 g de glucides ; 6 g de fibres ; 6 g de protéines

Soupe aux lentilles et aux nouilles

Temps de cuisson : **35 minutes**
Rendement : **4 portions**

Ingrédients

- 1 cuillère à soupe de beurre végane
- 1 cuillère à café d'ail haché
- 1 feuille de laurier
- ½ tasse d'oignon haché
- 5 tasses de bouillon de légumes
- ½ tasse de lentilles vertes, rincées
- 1 tasse de nouilles de riz, grossièrement cassées
- ½ cuillère à café de sel
- Flocons de piment rouge, pour la garniture

Préparation

Dans une marmite à feu moyen, faites fondre le beurre. Ajoutez l'ail et la feuille de laurier. Faites-les sauter pendant 30 secondes. Ajoutez l'oignon et faites-le sauter pendant 1 ou 2 minutes jusqu'à ce qu'il soit translucide.

Ajoutez le bouillon de légumes et les lentilles. Couvrez la marmite et faites cuire, en remuant de temps en temps, pendant environ 25 minutes jusqu'à ce que les lentilles soient un peu plus qu'à moitié cuites, mais pas encore molles.

Incorporez les nouilles de riz et le sel. Couvrez à nouveau la marmite et laissez cuire pendant 5 à 10 minutes supplémentaires jusqu'à ce que les lentilles soient tendres et les nouilles cuites.

Servez la soupe garnie de flocons de piment rouge.

Valeurs nutritionnelles par portion

4 g de matières grasses ; 58 g de glucides ; 9 g de fibres ; 9 g de protéines

Soupe ramen au tofu

Temps de cuisson : **25 minutes**
Rendement : **6 portions**

Ingrédients

- 3 cuillères à soupe d'huile de sésame
- 2 cuillères à soupe de pâte miso rouge
- 1 cuillère à café d'ail séché émincé
- 1 cuillère à café de poudre d'ail
- 400 g de tofu extra-ferme, coupé en carrés
- 5 tasses de bouillon de légumes
- 2 galettes de ramen
- 1 cuillère à café de sel
- Poivre noir fraîchement moulu
- 2 cuillères à soupe d'échalote hachée

Préparation

Dans un faitout à feu vif, faites chauffer l'huile de sésame. Baissez le feu à un niveau moyen. Ajoutez la pâte de miso, l'ail émincé et la poudre d'ail. Faites-les sauter pendant environ 30 secondes jusqu'à ce que la pâte de miso se détache.

Ajoutez le tofu, couvrez la marmite et laissez cuire pendant 10 minutes, en remuant doucement à mi-cuisson pour empêcher le tofu d'adhérer, tout en veillant à ne pas le briser.

Ajoutez le bouillon de légumes, remuez doucement et portez la soupe à ébullition. Laissez-la cuire pendant environ 2 minutes.

Réglez le feu à un niveau élevé. Ajoutez les galettes de ramen et le sel et faites cuire pendant 3 minutes. À l'aide d'une fourchette, émiettez les nouilles. Éteignez le feu et laissez la soupe reposer, couverte, pendant 1 à 2 minutes.

Goûtez et assaisonnez de poivre et garnissez la soupe d'échalote hachée.

Valeurs nutritionnelles par portion

11 g de matières grasses ; 23 g de glucides ; 3 g de fibres ; 11 g de protéines

Bisque aux tomates

Temps de cuisson : **3 heures**
Rendement : **6 portions**

Ingrédients

- 4 tasses de bouillon de légumes
- 5 tomates Roma, grossièrement hachées
- 1 cuillère à soupe de beurre végane
- 1 cuillère à café d'origan séché
- 1 cuillère à café de persil séché
- 1 cuillère à café de basilic séché
- 1 tasse de lait de coco entier en conserve
- 2½ à 3 cuillères à café de sel
- 1 cuillère à café de poivre noir fraîchement moulu
- ¾ cuillère à café de sucre

Préparation

Dans une mijoteuse, combinez le bouillon de légumes, les tomates, le beurre, l'origan, le persil et le basilic. Couvrez la mijoteuse et faites cuire à feu vif pendant 3 heures.

À l'aide d'un mixeur à immersion, mixez la soupe jusqu'à ce qu'elle soit lisse.

Vous pouvez également transférer la soupe dans un robot standard, en travaillant par lots, si nécessaire, et la mixer jusqu'à ce qu'elle soit lisse. Si vous utilisez un robot standard, remettez la soupe dans le cuiseur.

Incorporez le lait de coco, le sel, le poivre et le sucre. Laissez reposer pendant 5 minutes avant de servir.

Conseil de cuisson : Si vous n'avez pas de mijoteuse, faites cette soupe dans une marmite sur la cuisinière, à feu moyen élevé. Réduisez le temps de cuisson à 40 minutes.

Valeurs nutritionnelles par portion

10 g de matières grasses ; 10 g de glucides ; 2 g de fibres ; 1 g de protéines

Soupe de légumes au quinoa

Temps de cuisson : **20 minutes**
Rendement : **6 portions**

Ingrédients

- 2 cuillères à soupe de beurre végane
- 1 cuillère à soupe d'ail haché
- 1 cuillère à soupe de thym séché
- 2 pommes de terre, pelées et coupées en morceaux
- 1 tasse de carottes hachées
- 3½ tasses de bouillon de légumes
- ½ tasse de quinoa, rincé
- 1 cuillère à café de sel
- 1 cuillère à café de poivre noir fraîchement moulu
- ½ tasse de lait de coco allégé en conserve

Préparation

Sur un autocuiseur électrique, sélectionnez le mode Sauté. Ajoutez le beurre pour le faire fondre. Ajoutez l'ail et le thym. Faites-les sauter pendant 30 secondes. Ajoutez les pommes de terre et la carotte. Faites-les sauter pendant 1 minute.

Incorporez le bouillon de légumes, le quinoa, le sel et le poivre. Fermez le couvercle et scellez la valve. Faites cuire à haute pression pendant 5 minutes.

Laissez la pression se relâcher naturellement pendant environ 10 minutes. Relâchez rapidement toute pression restante et retirez soigneusement le couvercle. Incorporez le lait de coco.

Conseil de variation : si vous aimez votre soupe très crémeuse, avant de servir, incorporez 2 cuillères à soupe de noix de cajou crues et 3 cuillères à soupe de lait de coco allégé.

Valeurs nutritionnelles par portion

6 g de matières grasses ; 27 g de glucides ; 4 g de fibres ; 4 g de protéines

Soupe d'okra facile

Temps de cuisson : **60 minutes**
Rendement : **4 portions**

Ingrédients

- ¼ tasse de beurre végane
- 2 cuillères à soupe de farine tout usage
- 1 tasse de fleurons de chou-fleur
- 1 tasse d'okra haché
- 1 tasse de tomates hachées
- ½ tasse d'oignon haché
- 4 tasses de bouillon de légumes
- 2 cuillères à café d'assaisonnement créole
- ½ cuillère à café de poivre de cayenne
- ½ cuillère à café de sel

Préparation

Dans un faitout à feu vif, faites fondre le beurre.

Baissez le feu à un niveau moyen doux. Ajoutez la farine et laissez cuire pendant environ 30 minutes, en remuant continuellement, jusqu'à ce que le mélange prenne une couleur caramel. Veillez à ne pas laisser brûler le mélange.

Ajoutez le chou-fleur, l'okra, la tomate et l'oignon. Remuez bien pour enrober complètement les légumes avec le roux. Couvrez la marmite et laissez cuire pendant 4 à 5 minutes jusqu'à ce que les légumes ramollissent.

Réglez le feu à un niveau moyen. Ajoutez le bouillon de légumes, l'assaisonnement créole, le poivre de Cayenne et le sel. Remuez pour combiner le tout. Recouvrez la marmite et laissez cuire pendant 20 minutes avant de servir.

Conseil de variation : Pour un repas plus complet, servez la soupe d'okra sur du riz cuit à la vapeur.

Valeurs nutritionnelles par portion

11 g de matières grasses ; 13 g de glucides ; 4 g de fibres ; 2 g de protéines

Chili végétalien copieux

Temps de cuisson : **45 minutes**
Rendement : **6 portions**

Ingrédients

- 2 cuillères à soupe d'huile d'olive
- 2 cuillères à soupe d'ail haché
- 2 feuilles de laurier
- 1 cuillère à soupe de céleri haché
- 1 tasse d'oignon haché
- 2 cuillères à soupe de pâte de tomate
- 1 tasse de poivron vert haché
- 1 boîte (400 g) de haricots noirs, rincés et égouttés
- 1 boîte (400 g) de haricots rouges, rincés et égouttés
- ½ tasse de lentilles vertes, rincées
- 2 cuillères à café de cumin moulu
- 1 cuillère à café de paprika
- ½ cuillère à café de poivre de Cayenne
- 6 tasses de bouillon de légumes
- 1 cuillère à café de sel

Préparation

Dans un faitout à feu moyen élevé, faites chauffer l'huile d'olive. Ajoutez l'ail, les feuilles de laurier et le céleri. Faites-les sauter pendant 10 secondes. Ajoutez l'oignon et faites-le sauter pendant 1 à 2 minutes.

Incorporez la pâte de tomate en remuant jusqu'à ce qu'elle soit bien mélangée. Ajoutez le poivron vert et faites-le sauter pendant 1 minute.

Incorporez les haricots noirs, les haricots rouges, les lentilles, le cumin, le paprika et le poivre de Cayenne.

Réglez le feu à un niveau moyen. Incorporez le bouillon de légumes et le sel. Couvrez la marmite et laissez cuire pendant 40 à 45 minutes jusqu'à ce que les lentilles et les haricots soient tendres.

Conseil de variation : Cette recette se marie bien avec des chips de tortilla écrasées et des tranches d'avocat. S'il me reste des restes, j'aime les servir sur du riz cuit à la vapeur pour le déjeuner du lendemain.

Valeurs nutritionnelles par portion

5 g de matières grasses ; 41 g de glucides ; 13 g de fibres ; 13 g de protéines

Ragoût de lentilles

Temps de cuisson : **3 heures**
Rendement : **4 portions**

Ingrédients

- 5 tasses de bouillon de légumes
- 1 boîte (400 g) de pois chiches, égouttés et rincés
- 1 tasse de lentilles rouges, rincées
- ½ tasse de céleri haché
- ¼ tasse d'échalote hachée
- 1 cuillère à soupe d'origan séché
- 2 cuillères à café de mélange d'épices marocaines
- 1 cuillère à café de sel
- 1 cuillère à café de poivre noir fraîchement moulu
- ½ cuillère à café de poivre de cayenne

Préparation

Dans une mijoteuse, mélanger le bouillon de légumes, les pois chiches, les lentilles, le céleri, les échalotes, l'origan, le mélange d'épices marocaines, le sel, le poivre noir et le poivre de Cayenne.

Couvrez la mijoteuse et faites cuire à feu vif pendant 3 heures, jusqu'à ce que les lentilles soient complètement tendres. Remuez avant de servir.

Valeurs nutritionnelles par portion

2 g de matières grasses ; 46 g de glucides ; 3 g de fibres ; 15 g de protéines

Ragoût de champignons

Temps de cuisson : **40 minutes**
Rendement : **4 portions**

Ingrédients

- 2 cuillères à soupe de beurre végane
- 1 grande branche de romarin
- 2 tasses de champignons mini-bella coupés en tranches
- 1 tasse de riz brun, rincé
- 6 tasses de bouillon de légumes
- ½ cuillère à thé de sel
- Poivre noir fraîchement moulu

Préparation

Dans un faitout à feu vif, faites fondre le beurre. Baissez le feu à un niveau moyen. Ajoutez le romarin et faites-le cuire pendant environ 30 secondes jusqu'à ce qu'il soit odorant. Ajoutez les champignons et faites-les sauter pendant environ 5 minutes jusqu'à ce qu'ils commencent à brunir.

Incorporez le riz brun et 5 tasses de bouillon de légumes. Couvrez la marmite et laissez cuire pendant 30 à 35 minutes jusqu'à ce que le riz soit tendre et moelleux.

Baissez le feu à un niveau bas. Incorporez la tasse restante de bouillon de légumes et le sel. Retirez la branche de romarin de la soupe, versez la soupe dans des bols et assaisonnez avec du poivre.

Valeurs nutritionnelles par portion

7 g de matières grasses ; 41 g de glucides ; 4 g de fibres ; 5 g de protéines

Ragoût de cacahuètes

Temps de cuisson : **3 heures et 40 minutes**
Rendement : **6 portions**

Ingrédients

- 5 tasses de bouillon de légumes
- 1 patate douce, pelée et grossièrement hachée
- ½ tasse de beurre de cacahuète crémeux
- 1 cuillère à soupe de pâte de tomate
- 1 cuillère à café d'ail séché
- 1 cuillère à café de gingembre moulu
- 1 cuillère à café de sel
- ½ cuillère à café de poivre de Cayenne
- 1 tasse de pousses d'épinards frais
- ½ tasse de cacahuètes crues concassées

Préparation

Dans une mijoteuse, combinez le bouillon de légumes, la patate douce, le beurre de cacahuète, la pâte de tomate, l'ail, le gingembre, le sel et le poivre de Cayenne.

Couvrez la mijoteuse et faites cuire à feu vif pendant 3 heures. À l'aide d'un pilon, écrasez grossièrement les patates douces dans la mijoteuse pour épaissir un peu le ragoût. Incorporez les épinards et les cacahuètes concassées. Couvrez à nouveau la mijoteuse et faites cuire à feu vif pendant 40 minutes supplémentaires.

Vous pouvez également faire cuire à feu doux pendant 8 heures. À l'aide d'un pilon, écrasez grossièrement les patates douces dans la mijoteuse pour épaissir un peu le ragoût. Incorporez les épinards et les cacahuètes concassées. Augmentez le feu à un niveau élevé et faites cuire pendant 30 minutes de plus.

Remuez la soupe. Goûtez et assaisonnez avec plus de sel, si nécessaire.

Valeurs nutritionnelles par portion

17 g de matières grasses ; 16 g de glucides ; 4 g de fibres ; 9 g de protéines

Riz et céréales

Risotto aux asperges

Temps de cuisson : **50 minutes**
Rendement : **4 portions**

Ingrédients

- 1 cuillère à soupe d'huile d'olive
- 10 asperges congelées, coupées en morceaux
- ½ tasse d'oignon haché
- 1 tasse de riz arborio, rincé
- 4 tasses de bouillon de légumes
- 1 cuillère à café de sel
- 1 cuillère à café de poivre noir fraîchement moulu
- 2 cuillères à soupe de beurre végane
- 1 cuillère à soupe de persil frais haché
- 2 cuillères à soupe de parmesan végane râpé

Préparation

Dans une marmite à feu vif, faites chauffer l'huile d'olive. Ajoutez les asperges en une couche uniforme, couvrez la marmite et laissez cuire pendant 1 à 2 minutes jusqu'à ce que les asperges ramollissent et commencent à brunir. Ramenez le feu à un niveau moyen. À l'aide de pinces, retournez les asperges. Faites-les cuire pendant 30 secondes de plus.

Ajoutez l'oignon et faites-le sauter pendant 1 minute. Ajoutez le riz et faites-le sauter, en remuant fréquemment pour que le riz ne colle pas au fond, pendant environ 3 minutes.

Incorporez le bouillon de légumes, le sel et le poivre. Faites cuire pendant 5 à 7 minutes jusqu'à ce que le bouillon commence à bouillir vigoureusement.

Réglez le feu à un niveau moyen doux et ajoutez le beurre, en remuant jusqu'à ce qu'il fonde. Couvrez à nouveau la marmite et laissez cuire pendant 20 minutes.

Ajoutez le persil en remuant. Couvrez à nouveau la marmite et laissez cuire pendant environ 10 minutes supplémentaires, jusqu'à ce que tout le liquide soit absorbé.

Remuez le riz avec une fourchette, couvrez la marmite et laissez reposer pendant 2 minutes. Saupoudrez de parmesan et servez.

Valeurs nutritionnelles par portion

9 g de matières grasses ; 44 g de glucides ; 3 g de fibres ; 6 g de protéines

Pilaf de quinoa au curcuma

Temps de cuisson : **15 minutes**
Rendement : **6 portions**

Ingrédients

- 2 cuillères à soupe d'huile d'olive
- ¼ tasse de noix de cajou crues
- 1 tasse d'oignon haché
- 1 cuillère à café de curcuma moulu
- ½ cuillère à café de poudre de chili
- 2 tasses de quinoa, rincé
- 1 cuillère à soupe de jus de citron fraîchement pressé
- 2 cuillères à soupe de coriandre fraîche hachée
- Sel

Préparation

Sur un autocuiseur électrique, sélectionnez le mode Sauté. Ajoutez l'huile d'olive pour la chauffer. Ajoutez les noix de cajou et faites-les sauter pendant 2 à 3 minutes jusqu'à ce qu'elles commencent à devenir dorées.

Ajoutez l'oignon et faites-le sauter pendant 3 à 4 minutes jusqu'à ce qu'il commence à devenir doré.

Incorporez le curcuma et la poudre de chili.

Ajoutez le quinoa et 4½ tasses d'eau. Assaisonnez avec du sel et remuez pour combiner le tout. Fermez le couvercle et scellez la valve. Faites une cuisson sous pression élevée pendant 3 minutes.

Relâchez délicatement la pression et ouvrez le couvercle.

À l'aide d'une fourchette, faites mousser le quinoa. Incorporez le jus de citron, goûtez et ajoutez-en si vous le souhaitez. Garnissez le pilaf de coriandre.

Valeurs nutritionnelles par portion

11 g de matières grasses ; 46 g de glucides ; 5 g de fibres ; 9 g de protéines

Paella

Temps de cuisson : **40 minutes**
Rendement : **4 portions**

Ingrédients

- 3 tasses de bouillon de légumes
- ¼ cuillère à café de brins de safran brisés
- 1 tasse de riz arborio, rincé
- ½ tasse d'oignon haché
- ½ tasse de poivron rouge haché
- 1 cuillère à café d'ail séché
- 1 cuillère à café de thym séché
- 1 cuillère à café de paprika
- 1 cuillère à café de sel
- 1 cuillère à café de poivre noir fraîchement moulu

Préparation

Dans un faitout à feu vif, faites cuire le bouillon de légumes jusqu'à ce qu'il soit chaud, mais non bouillant, environ 1 minute. Baissez le feu à un niveau moyen. Ajoutez le safran et faites cuire, en remuant, pendant 1 à 2 minutes jusqu'à ce que le bouillon prenne une couleur jaune.

Ajoutez le riz, l'oignon, le poivron rouge, l'ail, le thym, le paprika, le sel et le poivre. Remuez une fois. Réglez le feu à un niveau élevé et faites cuire pendant 3 à 4 minutes jusqu'à ce que le liquide bouille. Ne pas remuer à ce stade, sinon le riz libèrera de l'amidon.

Baissez le feu à un niveau moyen doux, couvrez la marmite et laissez cuire pendant 25 à 30 minutes jusqu'à ce que tout le liquide soit absorbé. Si le liquide n'est pas absorbé, éteignez le feu et laissez la paella reposer, couverte, pendant environ 3 minutes jusqu'à ce que le liquide soit absorbé. Ne pas remuer pour éviter que le riz ne devienne crémeux.

Ouvrez le couvercle, faites aérer le riz avec une fourchette et servez.

Valeurs nutritionnelles par portion

1 g de matières grasses ; 43 g de glucides ; 3 g de fibres ; 4 g de protéines

Nouilles de riz aux légumes

Temps de cuisson : **15 minutes**
Rendement : **4 portions**

Ingrédients

- 3 cuillères à soupe d'huile de sésame
- 5 piments rouges séchés, cassés en morceaux
- 1 cuillère à soupe d'ail haché
- ½ tasse d'oignon finement émincé
- 2 tasses de mélange de légumes à sauter congelés (pois, maïs, carottes, brocoli, chou-fleur, poivrons)
- 1 cuillère à café de sel
- 1 cuillère à café de poivre noir fraîchement moulu
- 1 paquet (170 g) de nouilles de riz

Préparation

Dans une marmite à feu vif, faites chauffer l'huile de sésame pendant 1 minute. Ajoutez les piments rouges et l'ail. Faites cuire, en remuant, pendant 30 secondes.

Baissez le feu à un niveau moyen. Ajoutez l'oignon et faites-le sauter pendant 3 à 4 minutes jusqu'à ce qu'il soit doré.

Ajoutez les légumes à sauter. Faites-les cuire pendant environ 2 minutes jusqu'à ce qu'ils soient tendres.

Incorporez le sel, le poivre et 1 tasse d'eau.

Ajoutez les nouilles de riz, en les cassant au besoin pour qu'elles tiennent dans la marmite. Réglez le feu à un niveau bas et versez 1½ tasse d'eau sur les nouilles. Les nouilles de riz ne mettent pas longtemps à cuire, mais il est important de les recouvrir d'eau. À l'aide de pinces, remuez les nouilles. Laissez cuire, en remuant continuellement pour ramollir les nouilles, pendant 4 à 5 minutes jusqu'à ce que le liquide soit absorbé.

Laissez reposer les nouilles pendant 1 minute, puis servez-les chaudes.

Valeurs nutritionnelles par portion

11 g de matières grasses ; 34 g de glucides ; 2 g de fibres ; 4 g de protéines

Brocoli et quinoa crémeux

Temps de cuisson : **30 minutes**
Rendement : **6 portions**

Ingrédients

- 2 cuillères à soupe de beurre végane
- ¼ tasse d'ail émincé
- 2 cuillères à soupe de farine d'amande
- 2½ tasses de lait de coco non sucré en conserve
- 3 tasses de fleurons de brocoli
- 1½ tasse de quinoa, rincé
- 1 cuillère à café de sel
- 1 cuillère à café de flocons de piment rouge
- ½ tasse de crème de noix de coco non sucrée

Préparation

Dans une casserole à feu vif, faites fondre le beurre. Ajoutez l'ail et faites-le sauter pendant 15 à 20 secondes jusqu'à ce qu'il devienne brun.

Baissez le feu à un niveau moyen. Ajoutez la farine d'amande et faites-la sauter pendant 3 à 4 minutes jusqu'à ce qu'elle devienne dorée.

Incorporez le lait de coco et 1 tasse d'eau. Faites cuire, en remuant continuellement, pendant 3 à 4 minutes.

Réglez le feu à un niveau moyen élevé. Ajoutez le brocoli, le quinoa, le sel et les flocons de piment rouge. Laissez cuire pendant environ 10 minutes, en remuant, jusqu'à ce qu'environ la moitié du liquide soit absorbée.

Baissez le feu à un niveau bas. Ajoutez la crème de coco, couvrez la casserole et laissez cuire pendant environ 10 minutes jusqu'à ce que tout le liquide soit absorbé.

Valeurs nutritionnelles par portion

29 g de matières grasses ; 38 g de glucides ; 4 g de fibres ; 9 g de protéines

Taboulé de couscous

Temps de cuisson : **25 minutes**
Rendement : **4 portions**

Ingrédients

- ⅔ tasse de couscous
- ½ tasse de persil frais haché
- 1 cuillère à café de beurre végane
- ½ cuillère à café de sel
- 1 cuillère à café de poivre noir fraîchement moulu
- 1 tasse de concombre haché
- ½ tasse de tomates cerises coupées en tranches
- ¼ de tasse d'olives noires coupées en tranches
- 2 cuillères à café de jus de citron fraîchement pressé

Préparation

Dans une marmite à feu vif, porter 3 tasses d'eau à ébullition. Incorporez le couscous, le persil, le beurre, le sel et le poivre. Laissez cuire pendant 2 minutes.

Couvrez la marmite, éteignez le feu et laissez reposer pendant environ 10 minutes jusqu'à ce que tout le liquide soit absorbé.

À l'aide d'une fourchette, faites décoller le couscous et laissez-le refroidir à température ambiante, environ 5 minutes.

Incorporez le concombre, les tomates cerises, les olives et le jus de citron.

Goûtez et assaisonnez avec plus de sel et de poivre, si nécessaire.

Valeurs nutritionnelles par portion

4 g de matières grasses ; 25 g de glucides ; 2 g de fibres ; 4 g de protéines

Fettuccine Alfredo

Temps de cuisson : **20 minutes**
Rendement : **4 portions**

Ingrédients

- ¼ tasse de beurre végane
- 2 cuillères à soupe d'ail séché
- 1 cuillère à soupe d'origan séché
- ½ tasse de levure nutritionnelle
- 5 tasses de lait de coco non sucré
- 1 cuillère à café de sel
- 1 cuillère à café de poivre noir fraîchement moulu
- 450 g de pâtes fettuccine
- ¼ tasse de persil frais

Préparation

Dans un faitout à feu moyen, faites fondre le beurre. Ajoutez l'ail et l'origan et faites-les sauter pendant 30 secondes. Ajoutez la levure nutritionnelle et faites-la sauter pendant 1 minute.

Réglez le feu à un niveau élevé. Incorporez le lait de coco, le sel et le poivre et portez le mélange à ébullition. Laissez cuire pendant 1 à 2 minutes.

Baissez le feu à un niveau moyen. Ajoutez les fettuccine et faites-les cuire, en remuant de temps en temps pour éviter qu'elles ne collent, pendant environ 10 minutes jusqu'à ce que les pâtes soient tendres, mais pas en bouillie.

Éteignez le feu, couvrez la marmite et laissez reposer pendant 2 minutes. Remuez, garnissez de persil frais et servez chaud.

Conseil de variation : Dans un mixeur à haute vitesse, combinez ¾ de tasse de noix de cajou crues, la levure nutritionnelle, l'ail, l'origan et le lait de coco. Mixez jusqu'à ce que le mélange soit lisse et crémeux. Mettez la préparation de côté. Portez à ébullition une marmite ou un faitout rempli d'eau. Faites cuire les fettuccine selon les instructions du paquet.

Égouttez environ la moitié de l'eau des pâtes cuites. Ajoutez la sauce aux noix de cajou et mélangez. Assaisonnez de sel, de poivre et de flocons de piment rouge et servez immédiatement.

Valeurs nutritionnelles par portion

19 g de matières grasses ; 95 g de glucides ; 8 g de fibres ; 21 g de protéines

"

Spaghetti Cacio e Pepe

Temps de cuisson : **15 minutes**
Rendement : **4 portions**

Ingrédients

- 450 g de spaghetti
- 1½ cuillère à café de sel
- ¼ tasse de beurre végane
- ¼ tasse de levure nutritionnelle
- 2 cuillères à soupe de poivre noir fraîchement moulu
- 2 cuillères à soupe de fromage parmesan végane râpé

Préparation

Dans un autocuiseur électrique, combinez les spaghettis, le sel et 6 tasses d'eau. Fermez le couvercle et scellez la valve. Faites cuire à haute pression pendant 4 minutes.

Relâchez la pression avec précaution et ouvrez le couvercle. Retirez ½ tasse d'eau de l'autocuiseur.

Incorporez le beurre, la levure nutritionnelle et le poivre aux spaghettis.

Couvrez l'autocuiseur et laissez reposer pendant 1 minute. Garnissez le spaghetti avec le parmesan et servez chaud.

Valeurs nutritionnelles par portion

13 g de matières grasses ; 89 g de glucides ; 6 g de fibres ; 19 g de protéines

Riz de chou-fleur aux herbes

Temps de cuisson : **20 minutes**
Rendement : **4 portions**

Ingrédients

- ¼ tasse de beurre végane
- 300 g de chou-fleur râpé congelé
- 1 cuillère à café d'ail séché
- 1 cuillère à café de basilic séché
- 1 cuillère à café de persil séché
- ½ cuillère à café de gingembre moulu
- ¾ cuillère à café de sel
- ½ cuillère à café de flocons de piment rouge

Préparation

Dans une poêle et à feu vif, faites fondre le beurre. Faites-le cuire, en remuant fréquemment pour éviter qu'il ne brûle, jusqu'à ce que les solides bruns se forment, 3 à 4 minutes. Retirez immédiatement la poêle du feu.

Baissez le feu à un niveau moyen. Remettez la poêle sur le feu et ajoutez le chou-fleur, l'ail, le basilic, le persil, le gingembre, le sel et les flocons de piment rouge. Faites sauter pendant 10 à 15 minutes, en remuant fréquemment, jusqu'à ce que le chou-fleur soit bien cuit.

Valeurs nutritionnelles par portion

11 g de matières grasses ; 4 g de glucides ; 2 g de fibres ; 2 g de protéines

Riz aux haricots noirs

Temps de cuisson : **15 minutes**
Rendement : **4 portions**

Ingrédients

- 1 cuillère à soupe d'huile d'olive
- 1 cuillère à café d'ail haché
- 1 tasse de coriandre fraîche hachée
- 1 boîte (400 g) de haricots noirs, égouttés et rincés
- 1 cuillère à café de cumin moulu
- ½ cuillère à café de poivre de Cayenne
- 1 tasse de riz brun à long grain, rincé
- 1 cuillère à café de sel
- 1 cuillère à café de poivre noir fraîchement moulu

Préparation

Dans une marmite à feu moyen, faites chauffer l'huile d'olive. Ajoutez l'ail et la coriandre. Faites-les sauter pendant environ 30 secondes jusqu'à ce qu'ils soient odorants.

Incorporez les haricots noirs, le cumin et le poivre de Cayenne jusqu'à ce que le tout soit bien mélangé. Faites cuire pendant 1 minute. Incorporez le riz, le sel, le poivre noir et 3 tasses d'eau.

Augmentez le feu à haute intensité et faites cuire jusqu'à ce que le mélange commence à bouillir.

Baissez le feu à un niveau moyen doux. Couvrez la marmite et laissez cuire pendant 5 à 10 minutes jusqu'à ce que tout le liquide soit absorbé. Remuez le riz à l'aide d'une fourchette et servez.

Valeurs nutritionnelles par portion

5 g de matières grasses ; 55 g de glucides ; 7 g de fibres ; 11 g de protéines

Riz brun aux champignons

Temps de cuisson : **45 minutes**
Rendement : **4 portions**

Ingrédients

- 3 cuillères à soupe d'huile de pépins de raisin
- 2 cuillères à soupe d'ail haché
- ½ tasse de persil frais haché
- 1 grande branche de romarin
- ¼ tasse de basilic frais haché
- 2 tasses de champignons mini-bella tranchés
- 1⅛ tasse de riz brun à grains extra-longs
- 1 cuillère à café de sel
- ½ cuillère à café de flocons de poivre rouge

Préparation

Dans une marmite à feu moyen, faites chauffer l'huile de pépins de raisin. Ajoutez l'ail, le persil, le romarin et le basilic. Faites-les sauter pendant 30 secondes.

Ajoutez les champignons et faites-les cuire, en remuant de temps en temps, jusqu'à ce qu'ils soient dorés, environ 10 minutes.

Ajoutez le riz, le sel, les flocons de poivre rouge et 2½ tasses d'eau. Remuez pour combiner le tout. Réglez le feu à un niveau élevé et faites cuire pendant environ 5 minutes pour porter le riz à ébullition.

Baissez le feu à un niveau moyen doux. Couvrez la marmite et laissez cuire pendant 25 à 30 minutes jusqu'à ce que tout le liquide soit absorbé et que le riz soit tendre.

Retirez et jetez la branche de romarin. Remuez le riz à l'aide d'une fourchette.

Goûtez et assaisonnez avec plus de sel, si nécessaire.

Valeurs nutritionnelles par portion

12 g de matières grasses ; 43 g de glucides ; 3 g de fibres ; 6 g de protéines

Riz aux lentilles

Temps de cuisson : **70 minutes**
Rendement : **4 portions**

Ingrédients

- 3 cuillères à soupe d'huile d'olive
- 1 tasse d'oignon finement émincé
- 1 feuille de laurier
- 1 bâton de cannelle
- 1 cuillère à soupe d'ail haché
- 1 tasse de lentilles rouges, rincées
- 2 cuillères à café de cumin moulu
- 1 tasse de riz brun à long grain, rincé
- 1 cuillère à café de sel

Préparation

Dans un faitout à feu moyen, faites chauffer l'huile d'olive. Ajoutez l'oignon, la feuille de laurier et le bâton de cannelle. Faites-les sauter pendant 4 à 5 minutes jusqu'à ce que l'oignon soit caramélisé.

Ajoutez l'ail et faites-le sauter pendant 30 secondes. Réglez le feu à un niveau élevé.

Incorporez les lentilles et 5 tasses d'eau. Laissez cuire pendant environ 2 minutes jusqu'à ce que le liquide commence à bouillir. Réglez le feu à un niveau moyen. Couvrez la marmite et laissez cuire pendant environ 10 minutes jusqu'à ce que les lentilles soient tendres.

Réglez de nouveau le feu à un niveau élevé, ajoutez le riz et le sel, et remuez pour combiner le tout. Faites cuire pendant 3 à 4 minutes. Baissez le feu à un niveau moyen doux.

Couvrez à nouveau la marmite et laissez cuire pendant environ 35 minutes jusqu'à ce que le riz soit tendre et le liquide absorbé.

Éteignez le feu et laissez le riz reposer, couvert, pendant 10 minutes pour qu'il se tasse et absorbe le liquide restant avant de servir.

Valeurs nutritionnelles par portion

13 g de matières grasses ; 60 g de glucides ; 11 g de fibres ; 14 g de protéines

Couscous aux pois chiches

Temps de cuisson : **25 minutes**
Rendement : **4 portions**

Ingrédients

- 1 cuillère à soupe d'huile de pépins de raisin
- ½ tasse d'oignon haché
- 1 cuillère à soupe de basilic frais haché
- 1 tasse de poivron vert, rouge ou jaune haché
- ½ tasse de pois et de carottes mélangés congelés
- 1 boîte (400 g) de pois chiches, égouttés et rincés
- 1 cuillère à café de sel
- ¼ cuillère à café de poivre de cayenne
- ⅔ tasse de couscous

Préparation

Dans un faitout à feu moyen, faites chauffer l'huile de pépins de raisin. Ajoutez l'oignon et faites-le sauter pendant 2 minutes. Ajoutez le basilic et faites-le sauter pendant 30 secondes. Ajoutez le poivron rouge, les pois et les carottes et faites-les sauter pendant environ 1 minute. Incorporez les pois chiches.

Ajoutez le sel, le cayenne et 3 tasses d'eau. Couvrez la marmite et laissez cuire pendant 5 minutes.

Réglez le feu à un niveau élevé. Retirez le couvercle et faites cuire pendant 2 minutes supplémentaires.

Ajoutez le couscous. Laissez cuire, en remuant, pendant environ 1 minute, jusqu'à ce que vous voyiez le liquide commencer à être absorbé. Éteignez le feu, couvrez la marmite et laissez reposer pendant 10 minutes. Remuez le couscous à l'aide d'une fourchette et servez-le chaud.

Conseil de variation : Pour un profil de saveur légèrement différent, au lieu du poivre de Cayenne, ajoutez 1 cuillère à café de mélange des épices marocaines et 1 cuillère à café d'origan séché et faites cuire comme indiqué.

Valeurs nutritionnelles par portion

5 g de matières grasses ; 47 g de glucides ; 8 g de fibres ; 10 g de protéines

Tempeh sucré-salé

Temps de cuisson : **20 minutes**
Rendement : **4 portions**

Ingrédients

- 2 cuillères à soupe d'huile d'olive
- 200 g de tempeh, coupé en carrés
- 1 cuillère à soupe de fécule de maïs
- ½ tasse de sauce soja
- ¼ tasse de vinaigre blanc distillé
- 2 cuillères à soupe de sirop d'érable pur
- 2 cuillères à soupe de ketchup
- ½ tasse d'oignon en cubes
- ½ tasse de poivron rouge en cubes
- Poivre noir fraîchement moulu

Préparation

Dans une poêle à feu moyen, faites chauffer l'huile d'olive.

Baissez le feu à un niveau bas. Ajoutez le tempeh et la fécule de maïs et mélangez doucement avec une spatule jusqu'à ce que le tempeh soit recouvert de fécule de maïs et d'huile et qu'il n'y ait pas de grumeaux.

Réglez le feu à niveau moyen élevé et faites cuire pendant 4 à 5 minutes jusqu'à ce que le tempeh soit brun. À l'aide d'une spatule, retournez le tempeh et faites-le cuire pendant 3 à 4 minutes supplémentaires.

Baissez le feu à un niveau moyen doux. Ajoutez la sauce soja, le vinaigre, le sirop d'érable et le ketchup et remuez doucement pour combiner le tout.

Augmentez le feu à un niveau moyen. Incorporez délicatement l'oignon et le poivron rouge. Couvrez la poêle et laissez cuire pendant 5 minutes. Goûtez et assaisonnez de poivre.

Valeurs nutritionnelles par portion

13 g de matières grasses ; 24 g de glucides ; 6 g de fibres ; 12 g de protéines

Pois chiches Tikka Masala

Temps de cuisson : **20 minutes**
Rendement : **4 portions**

Ingrédients

- 1 cuillère à soupe d'huile d'olive
- 1 cuillère à soupe d'ail haché.
- 1 cuillère à soupe de gingembre frais, pelé et haché
- ½ tasse d'oignon haché
- 2 cuillères à soupe de pâte de tomate
- 1 cuillère à soupe de garam masala
- ½ cuillère à café de curcuma moulu
- 1 boîte (400 g) de pois chiches, égouttés et rincés
- 1½ tasse de lait de coco non sucré
- 1 cuillère à café de sel
- ¼ cuillère à café de sucre

Préparation

Dans une marmite à feu moyen, faites chauffer l'huile d'olive. Ajoutez l'ail et le gingembre et faites-les sauter pendant 30 secondes jusqu'à ce qu'ils commencent à brunir.

Baissez le feu à un niveau moyen doux. Ajoutez l'oignon et faites-le sauter pendant 5 minutes jusqu'à ce qu'il soit brun.

Incorporez la pâte de tomate jusqu'à ce qu'elle se détende. Ajoutez le garam masala et le curcuma. Faites cuire, en remuant, pendant 1 à 2 minutes jusqu'à ce qu'ils soient aromatiques.

Incorporez les pois chiches, en remuant jusqu'à ce qu'ils soient recouverts du mélange de pâte de tomate.

Portez le feu à un niveau moyen élevé et ajoutez le lait de coco, le sel et le sucre. Faites cuire, en remuant de temps en temps, pendant 5 minutes. Réduisez le feu à un niveau moyen doux et laissez cuire pendant 5 minutes supplémentaires.

Valeurs nutritionnelles par portion

6 g de matières grasses ; 25 g de glucides ; 7 g de fibres ; 6 g de protéines

Mélange de légumes crémeux

Temps de cuisson : **40 minutes**
Rendement : **6 portions**

Ingrédients

- 1 cuillère à soupe de beurre végane
- 1 cuillère à soupe d'ail haché
- 2 cuillères à café de gingembre frais pelé et haché
- ½ tasse d'oignon haché
- 1 tasse de tomates hachées
- 2 tasses de légumes mélangés congelés (pois, carottes, maïs, brocoli, haricots verts et poivrons)
- 3 tasses de lait de coco non sucré
- 2 cuillères à café de fécule de maïs
- 1 cuillère à café de sel
- ½ cuillère à café de poivre de Cayenne
- 2 cuillères à soupe de crème de noix de coco non sucrée

Préparation

Dans une marmite à feu moyen élevé, faites fondre le beurre. Ajoutez l'ail et le gingembre et faites-les sauter pendant environ 30 secondes jusqu'à ce qu'ils soient bruns. Ajoutez l'oignon et faites-le sauter pendant 3 à 4 minutes jusqu'à ce qu'il soit brun.

Ajoutez la tomate, couvrez la marmite et laissez cuire pendant 3 à 4 minutes jusqu'à ce que la tomate soit en bouillie et libère son jus.

Incorporez les légumes mélangés.

Incorporez le lait de coco et la fécule de maïs. Faites sauter pendant environ 1 minute jusqu'à ce qu'il n'y ait plus de grumeaux. Ajoutez le sel et le poivre de Cayenne, couvrez à nouveau la marmite et faites cuire, en remuant de temps en temps, pendant 25 à 30 minutes jusqu'à ce que la sauce épaississe et que les légumes soient bien cuits.

Incorporez la crème de noix de coco et servez.

Valeurs nutritionnelles par portion

5 g de matières grasses ; 10 g de glucides ; 2 g de fibres ; 1 g de protéines

Casserole de haricots verts

Temps de cuisson : **30 minutes**
Rendement : **6 portions**

Ingrédients

- 2 cuillères à soupe de beurre végane
- 1 cuillère à soupe d'ail séché
- 1 cuillère à soupe de farine tout usage
- 2 tasses de bouillon de légumes
- ½ tasse de lait de coco non sucré
- 1 cuillère à café de sel
- 1 cuillère à café de poivre noir fraîchement moulu
- 300 g de haricots verts congelés
- 1½ tasse d'oignons frits

Préparation

Préchauffez le four à 200 °C.

Dans un faitout à feu vif, faites fondre le beurre. Ajoutez l'ail et la farine et faites-les sauter pendant 3 à 4 minutes jusqu'à ce que le mélange commence à devenir doré.

Baissez le feu à un niveau moyen. Ajoutez le bouillon de légumes et le lait de coco et portez à ébullition, en remuant continuellement, pendant environ 2 minutes.

Ajoutez le sel et le poivre et remuez pour combiner le tout.

Ajoutez les haricots verts, couvrez la marmite et laissez cuire pendant 3 à 4 minutes jusqu'à ce que les haricots soient bien tendres.

Placez le faitout dans le four et faites-le cuire pendant 15 minutes.

Saupoudrez les oignons frits sur les haricots et laissez reposer pendant 2 minutes.

Conseil de variation : Ajoutez 1 tasse de champignons tranchés lorsque vous ajoutez les haricots verts pour une version plus consistante et plus terreuse de ce plat d'accompagnement favori.

Valeurs nutritionnelles par portion

11 g de matières grasses ; 11 g de glucides ; 1 g de fibres ; 1 g de protéines

Poêlée de haricots aux herbes

Temps de cuisson : **30 minutes**
Rendement : **4 portions**

Ingrédients

- 2 cuillères à soupe d'huile d'olive
- 1 cuillère à café d'origan séché
- 1 cuillère à café de basilic séché
- 1 cuillère à café de persil séché
- 1 cuillère à café d'ail séché
- 2½ tasses de tomate hachée
- 2 cuillères à soupe de ketchup
- 1 boîte (400 g) de haricots blancs, rincés et égouttés
- 1 cuillère à café de sel

Préparation

Dans une poêle à feu vif, faites chauffer l'huile d'olive. Ajoutez l'origan, le basilic, le persil et l'ail. Faites sauter pendant environ 30 secondes jusqu'à ce qu'ils soient odorants.

Incorporez la tomate et le ketchup. Réglez le feu à un niveau moyen, couvrez la poêle et laissez cuire pendant 10 minutes. À l'aide d'une spatule, écrasez les tomates.

Portez le feu à un niveau élevé. Ajoutez les haricots blancs, le sel et 2 tasses d'eau. Remuez pour combiner le tout. Recouvrez la poêle et laissez cuire pendant 15 minutes. Remuez et servez chaud.

Valeurs nutritionnelles par portion

8 g de matières grasses ; 27 g de glucides ; 6 g de fibres ; 7 g de protéines

Pommes de terre et pois crémeux

Temps de cuisson : **15 minutes**
Rendement : **5 portions**

Ingrédients

- 2½ tasses de pommes de terre jaunes en cubes
- 3 tasses de lait de coco non sucré
- 1 tasse de petits pois verts
- 1 cuillère à café de sel
- 1 cuillère à café de poivre noir fraîchement moulu
- 1 cuillère à café d'origan séché
- 1 cuillère à café de basilic séché
- ½ cuillère à café de flocons de piment rouge
- 2 cuillères à soupe de crème de coco non sucrée

Préparation

Dans un autocuiseur électrique, mélangez les pommes de terre, le lait de coco, les petits pois, le sel, le poivre noir, l'origan, le basilic et les flocons de piment rouge. Fermez le couvercle et scellez la valve. Faites cuire à haute pression pendant 5 minutes.

Relâchez délicatement la pression et ouvrez le couvercle. Incorporez la crème de noix de coco.

Conseil de cuisine : Pour préparer ce plat sur la cuisinière, placez les ingrédients dans une marmite à feu moyen élevé, couvrez et faites cuire, en remuant fréquemment, pendant 20 minutes ou jusqu'à ce que les pommes de terre soient tendres.

Valeurs nutritionnelles par portion

4 g de matières grasses ; 19 g de glucides ; 5 g de fibres ; 3 g de protéines

Gratin de chou-fleur

Temps de cuisson : **45 minutes**
Rendement : **6 portions**

Ingrédients

- 2 cuillères à soupe de beurre végane
- 2 cuillères à soupe d'ail haché
- 2 cuillères à soupe de farine tout usage
- 3 tasses de lait de coco non sucré
- ¼ tasse de levure nutritionnelle
- ½ cuillère à café de sel
- Poivre noir fraîchement moulu
- 5 tasses de fleurons de chou-fleur
- 2 tasses de mozzarella végane râpée
- ½ tasse de chapelure

Préparation

Préchauffez le four à 175 °C.

Dans un faitout à feu moyen élevé, faites fondre le beurre. Ajoutez l'ail et faites-le sauter pendant 30 secondes jusqu'à ce qu'il commence à brunir. Ajoutez la farine et faites-la sauter pendant environ 2 minutes jusqu'à ce qu'elle soit dorée.

Réglez le feu à un niveau bas et ajoutez le lait de coco. Passez à feu vif et remuez jusqu'à ce qu'il n'y ait plus de grumeaux. Faites cuire pendant 1 à 2 minutes jusqu'à ce que le mélange arrive à ébullition. Ajoutez la levure nutritionnelle, le sel et assaisonnez de poivre. Laissez cuire pendant 2 à 3 minutes, en remuant, jusqu'à ce que le mélange commence à s'épaissir.

Ajoutez le chou-fleur et faites-le cuire pendant 10 à 15 minutes jusqu'à ce qu'il soit tendre.

Éteignez le feu et saupoudrez 1 tasse de fromage mozzarella en une couche uniforme sur le dessus. Saupoudrez la chapelure en une couche uniforme sur la mozzarella. Recouvrez avec le reste de la mozzarella. Faites cuire au four pendant 15 minutes, ou jusqu'à ce que le fromage fonde complètement.

Couvrez le gratin avec un couvercle et laissez reposer pendant 5 minutes avant de servir.

Valeurs nutritionnelles par portion

36 g de matières grasses ; 20 g de glucides ; 5 g de fibres ; 8 g de protéines

<u>Ratatouille</u>

Temps de cuisson : **25 minutes**
Rendement : **4 portions**

Ingrédients

- 1 cuillère à soupe d'huile d'olive
- 1 feuille de laurier
- 1 cuillère à soupe d'ail haché
- 1 tasse d'oignon haché
- 2½ tasses de tomates hachées
- 2 cuillères à café d'origan séché
- 4 tasses d'aubergines en cubes
- 2 tasses de courgettes en cubes
- 1 cuillère à café de sel
- 1 cuillère à café de poivre noir fraîchement moulu

Préparation

Dans une poêle à feu vif, faites chauffer l'huile d'olive. Ajoutez la feuille de laurier et l'ail et faites sauter pendant environ 30 secondes jusqu'à ce que l'ail commence à brunir. Ajoutez l'oignon et faites-le sauter pendant 2 à 3 minutes jusqu'à ce qu'il soit doré.

Incorporez la tomate et l'origan. Couvrez la poêle et laissez cuire pendant 3 à 4 minutes jusqu'à ce que la tomate soit en bouillie.

Réglez le feu à un niveau moyen. Ajoutez les aubergines, les courgettes, le sel et le poivre. Remuez pour combiner le tout. Recouvrez à nouveau la poêle et laissez cuire pendant 15 minutes. Remuez à nouveau et servez à la température de votre choix.

Suggestion de service : Découpez une baguette française en tranches, faites-les griller et servez-les à part.

Valeurs nutritionnelles par portion

4 g de matières grasses ; 19 g de glucides ; 6 g de fibres ; 3 g de protéines

Curry de lentilles vertes

Temps de cuisson : **15 minutes**
Rendement : **4 portions**

Ingrédients

- 1 cuillère à soupe d'huile d'olive
- 1 tasse de persil frais haché
- ½ tasse de coriandre fraîche hachée
- 1½ cuillère à café d'ail haché
- 1 tasse de lentilles vertes, rincées
- 2 cuillères à café de jus de citron fraîchement pressé
- 1 cuillère à café de sel
- 1 cuillère à café de poivre noir fraîchement moulu
- Riz cuit à la vapeur ou quinoa, pour servir (facultatif)

Préparation

Sur un autocuiseur électrique, sélectionnez le mode Sauté. Ajoutez l'huile d'olive et faites-la chauffer. Ajoutez le persil et la coriandre et faites-les sauter pendant environ 2 minutes jusqu'à ce qu'ils soient odorants. Ajoutez l'ail et faites-le sauter pendant 30 secondes. Ajoutez les lentilles et faites-les cuire, en remuant, pendant 1 minute.

Incorporez le jus de citron, le sel, le poivre et 3 tasses d'eau. Annulez le mode Sauté. Fermez le couvercle et scellez la valve. Faites cuire à haute pression pendant 5 minutes.

Relâchez la pression avec précaution, ouvrez le couvercle et remuez. Servez chaud sur du riz cuit à la vapeur ou du quinoa (si vous en utilisez).

Conseil de cuisson : Cette recette peut être faite sur la cuisinière dans une marmite ou un faitout. Faites chauffer l'huile à feu moyen et faites sauter le persil et la coriandre pendant 30 secondes. Ajoutez l'ail et les lentilles et faites-les sauter pendant 1 minute. Ajoutez le reste des ingrédients, couvrez la marmite et laissez cuire pendant 15 à 20 minutes jusqu'à ce que les lentilles soient tendres.

Valeurs nutritionnelles par portion

5 g de matières grasses ; 27 g de glucides ; 14 g de fibres ; 13 g de protéines

Curry au beurre de cacahuète

Temps de cuisson : **20 minutes**
Rendement : **4 portions**

Ingrédients

- 1 cuillère à soupe d'huile d'olive
- 1 cuillère à café d'ail séché
- 1 cuillère à café de gingembre moulu
- 400 g de tofu extra-ferme, coupé en carrés
- ¼ tasse de beurre de cacahuète crémeux
- 2 cuillères à soupe de tahini
- 2 cuillères à soupe de sauce soja
- 1 cuillère à soupe de vinaigre blanc distillé
- 1 cuillère à soupe de sauce piquante
- 1 tasse de lait de coco
- Sel

Préparation

Dans une poêle à feu moyen, faites chauffer l'huile d'olive. Ajoutez l'ail et le gingembre et remuez pendant 10 secondes. Répartissez-les uniformément en une seule couche dans la poêle.

Placez les morceaux de tofu sur le mélange ail-gingembre. Couvrez la poêle et laissez cuire pendant 5 minutes.

Retournez délicatement les morceaux de tofu, couvrez à nouveau la poêle et faites cuire pendant 5 minutes supplémentaires.

Baissez le feu à un niveau bas. À l'aide d'une spatule, incorporez délicatement le beurre de cacahuète, le tahini, la sauce soja, le vinaigre et la sauce piquante, en vous assurant que le tofu est bien recouvert de sauce.

Réglez le feu à un niveau moyen. Ajoutez le lait de coco et mélangez délicatement.

Recouvrez à nouveau la poêle et laissez cuire pendant 10 minutes.

Mélangez à l'aide d'une spatule en raclant délicatement le fond de la poêle. Goûtez et assaisonnez de sel. Servez sur du riz cuit à la vapeur ou du quinoa, au choix.

Valeurs nutritionnelles par portion

22 g de matières grasses ; 11 g de glucides ; 3 g de fibres ; 17 g de protéines

Curry Massaman

Temps de cuisson : **25 minutes**
Rendement : **4 portions**

Ingrédients

- 1 cuillère à soupe d'huile d'olive
- 1 cuillère à soupe d'ail séché
- 1 cuillère à soupe de gingembre moulu
- 1 cuillère à café de noix de muscade moulue
- 2 cuillères à café de coriandre moulue
- 2 pommes de terre jaunes, épluchées et coupées en morceaux
- 2 tasses de lait de coco non sucré
- 2 cuillères à soupe de beurre de cacahuète crémeux
- 2 cuillères à café de jus de citron fraîchement pressé
- 2 cuillères à café de sucre brun
- 1 cuillère à café de sel
- Poivre noir fraîchement moulu

Préparation

Dans une marmite à feu vif, faites chauffer l'huile d'olive. Baissez le feu à un niveau bas. Ajoutez l'ail, le gingembre, la noix de muscade et la coriandre. Remuez pour combiner le tout. Ajoutez les pommes de terre et mélangez-les.

Faites monter le feu à un niveau élevé. Incorporez le lait de coco, le beurre de cacahuète, le jus de citron, le sucre brun et le sel. Couvrez la marmite et laissez cuire pendant environ 20 minutes, en remuant toutes les 5 minutes, jusqu'à ce que les pommes de terre soient tendres.

Goûtez et ajoutez du sel, du poivre ou du sucre brun, au besoin.

Conseil de variation : Pour donner à ce plat un supplément de protéines, au début de la cuisson, faites légèrement dorer des cubes de tofu extra-ferme dans de l'huile de sésame et ajoutez-les au plat pendant les dernières minutes de cuisson.

Valeurs nutritionnelles par portion

10 g de matières grasses ; 20 g de glucides ; 3 g de fibres ; 5 g de protéines

Lentilles crémeuses au curry

Temps de cuisson : **20 minutes**
Rendement : **4 portions**

Ingrédients

- 2 cuillères à café de beurre végane
- 1 feuille de laurier
- 1 cuillère à soupe de graines de cumin
- 1 cuillère à café d'ail haché
- ½ tasse d'oignon finement haché
- 1 tasse de lentilles rouges, rincées
- 2 cuillères à café de poudre de curry
- 1 cuillère à café de sel
- ½ tasse de crème de noix de coco non sucrée

Préparation

Sur un autocuiseur électrique, sélectionnez le mode Sauté. Ajoutez le beurre pour le faire fondre. Ajoutez la feuille de laurier, les graines de cumin et l'ail. Faites-les sauter pendant 1 minute. Ajoutez l'oignon et faites-le sauter pendant 2 minutes.

Incorporez les lentilles et la poudre de curry.

Ajoutez le sel et 4 tasses d'eau et remuez pour combiner le tout. Annulez le mode Sauté. Fermez le couvercle et scellez la valve. Faites cuire à haute pression pendant 10 minutes.

Relâchez la pression avec précaution, ouvrez le couvercle et incorporez la crème de noix de coco. Servez chaud sur du riz cuit à la vapeur ou du quinoa, au choix.

Conseil culinaire : vous pouvez également préparer ce plat sur la cuisinière, dans une marmite ou un faitout, en faisant sauter les ingrédients selon les mêmes instructions. Couvrez et faites cuire à feu moyen doux jusqu'à ce que les lentilles soient tendres, de 20 à 30 minutes.

Valeurs nutritionnelles par portion

10 g de matières grasses ; 27 g de glucides ; 9 g de fibres ; 10 g de protéines

Légumes créoles à la friteuse

Temps de cuisson : **15 minutes**
Rendement : **4 portions**

Ingrédients

- 1 patate douce, pelée et coupée en tranches
- 1 oignon blanc, coupé en carrés
- 10 pointes d'asperges, extrémités ligneuses coupées
- 2 tasses de champignons mini-bella coupés en tranches
- 1 tasse de poivron rouge coupé en cubes
- 5 gousses d'ail, pelées
- 2 brins de romarin
- 1 cuillère à café de sel
- 2 cuillères à soupe d'assaisonnement créole
- 1 cuillère à soupe d'huile d'olive

Préparation

Préchauffez la friteuse à air à 175 °C.

Dans le panier de la friteuse, mélangez la patate douce, l'oignon, les asperges, les champignons, les poivrons rouges, l'ail, le romarin, le sel, l'assaisonnement créole et l'huile d'olive.

Faites frire à l'air pendant 15 minutes. Secouez le panier et servez chaud.

Conseil culinaire : Si vous n'avez pas de friteuse à air, faites cuire les légumes sur une plaque à pâtisserie (de 22 x 33 cm) dans le four à 200 °C pendant 20 minutes.

Valeurs nutritionnelles par portion

4 g de matières grasses ; 19 g de glucides ; 5 g de fibres ; 4 g de protéines

Steak de chou-fleur rôti

Temps de cuisson : **20 minutes**
Rendement : **4 portions**

Ingrédients

- 2 têtes de chou-fleur
- 1 cuillère à café d'huile d'olive
- 1 cuillère à café de persil séché
- 1 cuillère à café de thym séché
- 1 cuillère à café d'ail séché
- 1 cuillère à café d'origan séché
- 1 cuillère à café de sel
- ½ cuillère à café de curcuma moulu
- ½ cuillère à café de poivre de Cayenne

Préparation

Préchauffez le four à 200 °C.

Coupez les tiges de chou-fleur, puis placez les têtes côté coupé vers le bas et tranchez-les en steaks de 1 cm d'épaisseur. Enduisez les steaks d'huile d'olive et disposez-les sur une plaque (de 22 x 33 cm) en une seule couche.

Dans un petit bol, mélangez le persil, le thym, l'ail, l'origan, le sel, le curcuma et le cayenne. Saupoudrez le mélange d'épices sur les deux côtés des steaks de chou-fleur.

Faites cuire les steaks au four pendant environ 20 minutes, en les retournant à mi-cuisson à l'aide d'une spatule, jusqu'à ce que le chou-fleur soit tendre et doré.

Valeurs nutritionnelles par portion

2 g de matières grasses ; 16 g de glucides ; 8 g de fibres ; 6 g de protéines

Spaghetti à la carbonara

Temps de cuisson : **10 minutes**
Rendement : **6 portions**

Ingrédients

- 450 g de spaghetti
- ½ tasse de lait de coco non sucré
- ½ tasse de levure nutritionnelle
- ½ tasse de persil frais haché
- 2 cuillères à soupe de beurre végane
- 2 cuillères à soupe de tahini
- 2 cuillères à café de poivre noir fraîchement moulu
- 1 cuillère à soupe de jus de citron fraîchement pressé
- 1½ cuillère à café de sel

Préparation

Portez un faitout rempli d'eau à ébullition à feu vif. Ajoutez les spaghettis et faites-les cuire pendant 5 à 7 minutes jusqu'à ce qu'ils soient al dente. Réservez ½ tasse de liquide de cuisson dans le faitout et égouttez le reste du liquide des spaghettis, en laissant les spaghettis dans le faitout.

Ajoutez immédiatement le lait de coco, la levure nutritionnelle, le persil, le beurre, le tahini, le poivre, le jus de citron et le sel aux spaghettis et mélangez-les avec des pinces jusqu'à ce qu'ils soient bien combinés. Servez les spaghettis à la carbonara immédiatement.

Valeurs nutritionnelles par portion

8 g de matières grasses ; 62 g de glucides ; 4 g de fibres ; 15 g de protéines

<u>Champignons Stroganoff</u>

Temps de cuisson : **30 minutes**
Rendement : **4 portions**

Ingrédients

- 2 cuillères à soupe de beurre végane
- 1 cuillère à soupe d'ail haché
- 2 cuillères à café de thym séché
- 200 g de champignons mini-bella, tranchés
- 4 tasses de bouillon de légumes
- 1 tasse de lait de coco non sucré
- 1 cuillère à café de sel
- 1 cuillère à café de poivre noir fraîchement moulu
- 350 g de pâtes fettuccine
- 1 cuillère à soupe de crème de noix de coco non sucrée

Préparation

Dans un faitout à feu vif, faites fondre le beurre. Ajoutez l'ail et le thym et faites-les sauter pendant environ 30 secondes jusqu'à ce qu'ils soient odorants.

Baissez le feu à un niveau moyen élevé. Ajoutez les champignons et couvrez la marmite. Laissez cuire pendant 15 minutes. Mélangez bien.

Passez à un feu vif. Ajoutez 2 tasses de bouillon de légumes, le lait de coco, le sel et le poivre. Remuez pour combiner.

Ajoutez les fettuccine, en vous assurant que les pâtes sont complètement submergées dans le liquide, et faites-les cuire pendant 2 à 3 minutes. À l'aide de pinces, remuez les pâtes pour bien les mélanger.

Réglez le feu à un niveau moyen. Ajoutez 1 tasse de bouillon de légumes, couvrez à nouveau la marmite et laissez-la cuire pendant 1 minute.

Incorporez la crème de noix de coco et mélangez bien.

Réglez le feu à un niveau bas et ajoutez la tasse restante de bouillon de légumes. Couvrez à nouveau la marmite et laissez-la cuire pendant 2 à 3 minutes. Mélangez avec les pinces, retirez la marmite du feu, couvrez-la à nouveau et laissez-la reposer pendant 2 minutes avant de servir.

Valeurs nutritionnelles par portion

9 g de matières grasses ; 70 g de glucides ; 5 g de fibres ; 13 g de protéines

Sofritas au tofu

Temps de cuisson : **10 minutes**
Rendement : **4 portions**

- 1 cuillère à soupe d'huile d'olive
- ½ tasse d'oignon haché
- 1 cuillère à café d'ail émincé
- ½ tasse de piments chipotle en conserve émincés dans la sauce adobo, liquide conservé
- 1 cuillère à café d'origan séché
- 450 g de tofu extra-ferme, égoutté et pressé
- ½ cuillère à café de sel

Dans une poêle à feu vif, faites chauffer l'huile d'olive. Ajoutez l'oignon et l'ail et faites-les sauter pendant environ 2 minutes jusqu'à ce qu'ils soient dorés.

Ajoutez les piments chipotle, la sauce adobo, l'origan et mélangez bien.

Avec vos mains, émiettez le tofu dans la pâte et mélangez jusqu'à ce qu'il soit recouvert de sauce.

Ajoutez le sel et ¼ de tasse d'eau et mélangez bien. Couvrez la poêle et laissez cuire pendant environ 5 minutes jusqu'à ce que le liquide soit absorbé. À l'aide d'une spatule, remuez à nouveau en raclant le fond de la poêle.

Flygande Jacob

Temps de cuisson : **20 minutes**
Rendement : **4 portions**

Ingrédients

- 1 boîte (400 g) de pois chiches, égouttés et rincés
- 1 grosse banane, coupée en rondelles
- ½ tasse de cacahuètes salées
- 2 cuillères à soupe de sauce soja
- 1 cuillère à soupe de ketchup
- 1 cuillère à soupe de sauce piquante
- 1 cuillère à café de curry en poudre
- ½ tasse de crème de noix de coco non sucrée
- Sel

Préparation

Préchauffez le four à 175 °C.

Sur une plaque à pâtisserie (de 22 x 33 cm), mélangez les pois chiches, les bananes, les cacahuètes, la sauce soja, le ketchup, la sauce piquante, la poudre de curry et la crème de coco. Étalez le mélange en une seule couche.

Faites cuire au four pendant 20 minutes. Assaisonnez de sel et servez le plat immédiatement.

Valeurs nutritionnelles par portion

14 g de matières grasses ; 33 g de glucides ; 8 g de fibres ; 10 g de protéines

Frites de patate douce

Temps de cuisson : **30 minutes**
Rendement : **6 portions**

Ingrédients

- 2 grosses patates douces, coupées en tranches
- 2 cuillères à café d'huile d'olive
- 2 cuillères à soupe de fécule de maïs
- 1 cuillère à café de thym séché
- 1 cuillère à café de sel
- ½ cuillère à café de paprika

Préparation

Préchauffez le four à 220 °C. Tapissez une plaque à pâtisserie (de 22 x 33 cm) de papier cuisson.

Sur la plaque préparée, mélangez les patates douces et l'huile d'olive pour les enrober.

Dans un petit bol, mélangez la fécule de maïs, le thym, le sel et le paprika. Saupoudrez le mélange sur les patates douces et mélangez bien. Étalez les patates douces en une couche uniforme sur la plaque à pâtisserie.

Faites cuire au four pendant 30 minutes, ou jusqu'à ce qu'elles soient croustillantes. Servez les frites avec votre condiment préféré.

Valeurs nutritionnelles par portion

2 g de matières grasses ; 15 g de glucides ; 2 g de fibres ; 1 g de protéines

Brocoli croustillant à l'ail

Temps de cuisson : **12 minutes**
Rendement : **4 portions**

Ingrédients

- 4 tasses de fleurons de brocoli
- 1 cuillère à soupe d'huile d'olive
- ¼ tasse de levure nutritionnelle
- 2 cuillères à soupe d'ail séché
- ½ cuillère à café de sel
- 1 cuillère à café de poivre noir fraîchement moulu

Préparation

Préchauffez la friteuse à air à 175 °C.

Dans un grand bol, mélangez le brocoli et l'huile d'olive jusqu'à ce qu'il soit bien enrobé.

Ajoutez la levure nutritionnelle, l'ail, le sel et le poivre. Mélangez bien. Placez les brocolis dans le panier de la friteuse.

Faites-les cuire de 10 à 12 minutes, ou jusqu'à ce qu'ils soient croustillants.

Conseil de cuisine : Vous n'avez pas de friteuse ? Placez les fleurons de brocoli assaisonnés sur une plaque de 9 par 13 pouces et faites-les cuire au four à 200 °C pendant 25 à 30 minutes jusqu'à ce qu'ils soient bien cuits. Ils n'auront pas le même croustillant qu'avec la friteuse à air, mais feront quand même un excellent accompagnement.

Valeurs nutritionnelles par portion

4 g de matières grasses ; 9 g de glucides ; 4 g de fibres ; 5 g de protéines

Choux de Bruxelles poêlés

Temps de cuisson : **15 minutes**
Rendement : **4 portions**

Ingrédients

- 2 cuillères à soupe d'huile d'olive
- 250 g de choux de Bruxelles, coupés en deux
- 1 cuillère à café d'ail séché
- 3 cuillères à soupe de vinaigre balsamique
- 2 cuillères à café de sirop d'érable pur
- ½ cuillère à café de sel
- 1 cuillère à café de poivre noir fraîchement moulu

Préparation

Dans une poêle à feu vif, faites chauffer l'huile d'olive. Ajoutez les choux de Bruxelles et l'ail. Faites-les sauter pendant environ 30 secondes jusqu'à ce qu'ils soient bien enrobés d'huile.

Couvrez la poêle et laissez cuire pendant environ 5 minutes jusqu'à ce que les choux de Bruxelles commencent à brunir. Retirez le couvercle et faites cuire, en remuant fréquemment, pendant 5 minutes supplémentaires.

Éteignez le feu, ajoutez le vinaigre, le sirop d'érable, le sel et le poivre. Laissez cuire en remuant pendant environ 1 minute.

Retirez les choux de Bruxelles de la poêle et laissez reposer 1 minute de plus avant de servir.

Valeurs nutritionnelles par portion

7 g de matières grasses ; 11 g de glucides ; 3 g de fibres ; 2 g de protéines

Ailes de chou-fleur Buffalo

Temps de cuisson : **20 minutes**
Rendement : **4 portions**

Ingrédients

- 1 cuillère à soupe de pâte de tomate
- 1 cuillère à soupe de sauce soja
- 2 cuillères à café de vinaigre blanc distillé
- 1 cuillère à café d'ail séché
- 1 cuillère à café de sel
- ½ cuillère à café de poivre de Cayenne
- ½ cuillère à café de paprika
- 1 cuillère à soupe de farine tout usage
- 4 tasses de fleurons de chou-fleur

Préparation

Préchauffez le four à 220 °C.

Dans un grand bol, mélangez la pâte de tomate et ½ tasse d'eau jusqu'à ce que le mélange soit lisse.

Incorporez la sauce soja, le vinaigre, l'ail, le sel, le poivre de Cayenne et le paprika en fouettant. Ajoutez la farine et fouettez jusqu'à ce que le mélange soit lisse, 1 à 2 minutes.

Ajoutez les bouquets de chou-fleur et remuez pour combiner le tout. Déposez le chou-fleur sur une plaque à pâtisserie (de 22 x 33 cm).

Faites cuire au four pendant 15 à 20 minutes, ou jusqu'à ce que le chou-fleur soit tendre.

Valeurs nutritionnelles par portion

1 g de matières grasses ; 7 g de glucides ; 1 g de fibres ; 2 g de protéines

Pommes de terre au romarin

Temps de cuisson : **30 minutes**
Rendement : **6 portions**

Ingrédients

- 6 pommes de terre jaunes, rincées, épongées et piquées à la fourchette
- 2 cuillères à soupe d'huile d'olive
- 1 cuillère à soupe de feuilles de romarin frais, hachées
- 1 cuillère à café d'ail en poudre
- ½ cuillère à café de sel
- Poivre noir fraîchement moulu

Préparation

Préchauffez la friteuse à air à 190 °C.

Dans un grand bol, mélangez les pommes de terre, l'huile d'olive, le romarin, la poudre d'ail et le sel jusqu'à ce que les pommes de terre soient bien enrobées. Placez les pommes de terre dans le panier de la friteuse et versez l'huile restante sur les pommes de terre. Assaisonnez avec du poivre.

Faites frire à l'air pendant 25 à 30 minutes jusqu'à ce que les pommes de terre soient bien cuites.

Conseil de cuisson : Si vous préférez, placez les pommes de terre sur une plaque de 9 par 13 pouces et faites-les cuire au four à 200 °C pendant environ 40 minutes, ou jusqu'à ce qu'elles soient bien cuites.

Suggestion de service : Une fois les pommes de terre cuites, appuyez dessus avec un pilon pour les ouvrir légèrement. Garnissez-les de crème aigre végane et de ciboulette fraîche ou de queso épicé.

Valeurs nutritionnelles par portion

5 g de matières grasses ; 26 g de glucides ; 2 g de fibres ; 3 g de protéines

Purée de chou-fleur au tahini

Temps de cuisson : **15 minutes**
Rendement : **6 portions**

Ingrédients

- 700 g de fleurons de chou-fleur
- 2 cuillères à soupe de tahini
- 1 cuillère à soupe de beurre végane
- 1 cuillère à café de sel
- 1 cuillère à café de poivre noir fraîchement moulu
- 1 cuillère à café de persil séché

Préparation

Dans l'autocuiseur électrique, mélangez le chou-fleur et ¾ de tasse d'eau. Fermez le couvercle et scellez la valve. Faites cuire à haute pression pendant 10 minutes.

Relâchez la pression avec précaution et ouvrez le couvercle. À l'aide d'un pilon alimentaire, écrasez le chou-fleur dans l'autocuiseur.

Incorporez le tahini, le beurre, le sel, le poivre et le persil.

Conseil de variation : Pour un résultat plus crémeux, ajoutez du beurre végane.

Valeurs nutritionnelles par portion

6 g de matières grasses ; 7 g de glucides ; 3 g de fibres ; 4 g de protéines

Tofu glacé au miso

Temps de cuisson : **20 minutes**
Rendement : **4 portions**

Ingrédients

- 2 cuillères à soupe d'huile de sésame
- ¼ de tasse d'échalote hachée
- ¼ de tasse de céleri haché
- 1 cuillère à soupe de pâte miso
- 1 cuillère à soupe de sauce soja à faible teneur en sodium
- 1 cuillère à soupe de sirop d'érable pur
- ½ cuillère à soupe de vinaigre blanc distillé
- ½ cuillère à café de gingembre moulu
- 400 g de tofu extra-ferme, pressé, égoutté et coupé en tranches
- 1 cuillère à soupe de graines de sésame

Préparation

Dans une poêle, à feu vif, faites chauffer l'huile de sésame. Ajoutez l'échalote et le céleri et faites-les sauter pendant 1 minute.

Baissez le feu à un niveau bas. Incorporez la pâte miso, la sauce soja, le sirop d'érable, le vinaigre et le gingembre en fouettant jusqu'à ce que le tout soit bien mélangé.

Réglez le feu à un niveau moyen doux. Disposez les tranches de tofu dans la poêle en une seule couche et laissez cuire pendant 4 à 5 minutes jusqu'à ce que le tofu commence à brunir.

À l'aide d'une spatule, retournez délicatement les tranches de tofu en prenant soin de racler la marinade au fond de la poêle. Laissez cuire pendant 10 à 15 minutes supplémentaires jusqu'à ce que le tofu soit bruni et légèrement croustillant.

Saupoudrez les graines de sésame sur le tofu et éteignez le feu. Mélangez à nouveau délicatement sans casser les tranches de tofu et servez.

Valeurs nutritionnelles par portion

13 g de matières grasses ; 10 g de glucides ; 2 g de fibres ; 12 g de protéines

Pouding de maïs

Temps de cuisson : **3 heures**
Rendement : **6 portions**

Ingrédients

- 1½ tasse de lait de coco non sucré
- 2 cuillères à soupe de fécule de maïs
- 3 tasses de maïs congelé
- ½ tasse d'oignon haché
- ¼ tasse de levure nutritionnelle
- 1 cuillère à soupe de beurre végane
- 1 cuillère à café de sel
- 1 cuillère à café de poivre noir fraîchement moulu

Préparation

Dans une mijoteuse, fouettez le lait de coco et la fécule de maïs jusqu'à ce que le mélange soit lisse.

Ajoutez le maïs, l'oignon, la levure nutritionnelle, le beurre, le sel et le poivre, et mélangez le tout.

Couvrez la mijoteuse et faites cuire à feu vif pendant 1 heure.

Remuez le mélange, étalez-le uniformément, couvrez à nouveau la marmite et laissez cuire à feu vif pendant 2 heures supplémentaires.

Valeurs nutritionnelles par portion

13 g de matières grasses ; 26 g de glucides ; 3 g de fibres ; 6 g de protéines

Aubergines poêlées

Temps de cuisson : **15 minutes**
Rendement : **4 portions**

Ingrédients

- 1 cuillère à café de sel
- ½ cuillère à café de poudre de chili
- ½ cuillère à café de curcuma moulu
- 2 petites aubergines, coupées en longues tranches
- 2 cuillères à soupe d'huile d'olive

Préparation

Dans un petit bol, mélangez le sel, la poudre de chili et le curcuma.

Frottez chaque tranche d'aubergine avec le mélange d'épices.

Dans une poêle à feu moyen, faites chauffer l'huile d'olive.

Placez les tranches d'aubergine dans la poêle et faites-les cuire pendant 5 à 10 minutes jusqu'à ce qu'elles soient dorées. À l'aide d'une spatule, retournez les aubergines et faites-les cuire pendant 5 à 7 minutes de plus, jusqu'à ce qu'elles soient dorées sur le deuxième côté.

Valeurs nutritionnelles par portion

8 g de matières grasses ; 17 g de glucides ; 7 g de fibres ; 3 g de protéines

Champignons sautés

Temps de cuisson : **15 minutes**
Rendement : **4 portions**

Ingrédients

- 2 cuillères à soupe de beurre végane
- 2 cuillères à café d'ail séché
- 200 g de champignons mini-bella tranchés
- 2 cuillères à soupe de sauce soja
- 1 cuillère à café de flocons de poivre rouge
- 1 cuillère à soupe de persil séché
- Sel

Préparation

Dans une poêle à feu vif, faites fondre le beurre. Ajoutez l'ail et les champignons. Faites-les sauter pendant environ 2 minutes jusqu'à ce que les champignons soient bien enrobés de beurre.

Incorporez la sauce soja, les flocons de piment rouge et le persil pour combiner le tout.

Réglez le feu à un niveau moyen, couvrez la poêle et laissez cuire pendant 5 à 10 minutes jusqu'à ce que les champignons soient dorés. Remuez, goûtez et assaisonnez de sel.

Conseil de cuisine : ces champignons sont excellents servis avec des toasts au petit-déjeuner, mélangés avec des pâtes et un peu de jus de citron, ou comme accompagnement polyvalent à table.

Valeurs nutritionnelles par portion

6 g de matières grasses ; 4 g de glucides ; 1 g de fibres ; 3 g de protéines

Haricots verts au sésame

Temps de cuisson : **20 minutes**
Rendement : **4 portions**

Ingrédients

- 2 cuillères à soupe d'huile d'olive
- 350 g de haricots verts surgelés
- 2 cuillères à soupe de sauce soja
- 1 cuillère à soupe de graines de sésame
- 1 cuillère à café de sirop d'érable pur
- Sel et poivre noir fraîchement moulu

Préparation

Dans un faitout à feu vif, faites chauffer l'huile d'olive.

Baissez le feu à un niveau moyen. Ajoutez les haricots verts et couvrez la marmite.

Faites cuire pendant 5 à 7 minutes jusqu'à ce que les haricots ramollissent un peu.

Incorporez la sauce soja, les graines de sésame et le sirop d'érable. Couvrez à nouveau la marmite et laissez cuire pendant environ 10 minutes de plus jusqu'à ce que les haricots soient bien cuits. Les haricots doivent être bien cuits, mous et moelleux, mais ne doivent pas changer de couleur. Goûtez et assaisonnez de sel et de poivre, mélangez à nouveau et servez chaud.

Valeurs nutritionnelles par portion

8 g de matières grasses ; 4 g de glucides ; 1 g de fibres ; 1 g de protéines

Quartiers de chou rôti

Temps de cuisson : **30 minutes**
Rendement : **6 portions**

Ingrédients

- 1 tête de chou, parée et coupée en 8 quartiers
- 2 cuillères à soupe d'huile d'olive
- ¼ de tasse de ciboulette fraîche hachée
- ¼ de tasse de vinaigre balsamique
- ⅛ cuillère à café de moutarde moulue
- Sel et poivre noir fraîchement moulu

Préparation

Préchauffez le four à 200 °C.

Placez les quartiers de chou sur une plaque à pâtisserie et arrosez-les d'huile d'olive, en veillant à ce que chaque quartier soit bien enduit. Faites-les cuire au four pendant 30 minutes, ou jusqu'à ce qu'ils soient dorés.

Dans un petit bol, fouettez la ciboulette, le vinaigre et la moutarde jusqu'à ce que le mélange soit homogène. Versez la vinaigrette sur les quartiers de chou et assaisonnez de sel et de poivre.

Valeurs nutritionnelles par portion

5 g de matières grasses ; 10 g de glucides ; 4 g de fibres ; 2 g de protéines

<u>Courge musquée sautée</u>

Temps de cuisson : **20 minutes**
Rendement : **4 portions**

Ingrédients

- 2 cuillères à soupe d'huile d'olive
- 1 cuillère à café de gingembre moulu
- 1 cuillère à café d'origan séché
- 2 tasses de courge musquée en cubes
- 1 cuillère à café de sel
- 1 cuillère à soupe de jus de citron fraîchement pressé

Préparation

Dans une poêle à feu vif, faites chauffer l'huile d'olive. Ajoutez le gingembre et l'origan et faites-les sauter pendant 10 secondes.

Ajoutez la courge et le sel et remuez pour combiner le tout. Réglez le feu à un niveau moyen élevé et faites cuire pendant environ 10 minutes jusqu'à ce que la courge commence à brunir. À l'aide d'une spatule, retournez la courge et faites-la cuire pendant 5 minutes de plus.

Incorporez le jus de citron et servez chaud.

Valeurs nutritionnelles par portion

7 g de matières grasses ; 12 g de glucides ; 3 g de fibres ; 1 g de protéines

<u>Courge poivrée farcie</u>

Temps de cuisson : **15 minutes**
Rendement : **4 portions**

Ingrédients

- 2 courges poivrées, coupées en deux, épépinées et la chair entaillée
- 1 boîte (400 g) de pois chiches, égouttés et rincés
- 2 cuillères à soupe de sauce soja
- 1 cuillère à café d'ail séché
- 1 cuillère à café de gingembre moulu
- ½ cuillère à café de cumin moulu
- 2 cuillères à soupe d'échalote hachée
- Sel

Préparation

Préchauffez la friteuse à air à 200 °C.

Placez les moitiés de courge dans le panier de la friteuse, côté coupé vers le haut.

Dans un grand bol, mélangez les pois chiches, la sauce soja, l'ail, le gingembre, le cumin et les échalotes. Versez le mélange à la cuillère dans les moitiés de courge poivrée entaillées. Assaisonnez de sel et fixez le panier à la friteuse.

Faites frire à l'air pendant 15 minutes. La courge de gland doit être molle lorsqu'on la pique avec une fourchette. Servez les courges farcies immédiatement.

Valeurs nutritionnelles par portion

1 g de matières grasses ; 44 g de glucides ; 9 g de fibres ; 8 g de protéines

Asperges rôties au sésame

Temps de cuisson : **30 minutes**
Rendement : **4 portions**

Ingrédients

- 2 cuillères à soupe de sauce soja
- 1 cuillère à café de vinaigre blanc distillé
- 1 cuillère à café de gingembre moulu
- 1 cuillère à café de sirop d'érable pur
- ½ cuillère à café de poivre noir fraîchement moulu
- 350 g de pointes d'asperges
- 1 cuillère à soupe de graines de sésame
- Sel

Préparation

Préchauffez le four à 200 °C.

Dans un grand bol, fouettez la sauce soja, le vinaigre, le gingembre, le sirop d'érable et le poivre pour les combiner.

Ajoutez les asperges et mélangez-les pour les enrober du mélange de sauce soja.

Placez les asperges en une seule couche sur une plaque à pâtisserie. Saupoudrez-les de graines de sésame.

Faites cuire au four pendant 25 à 30 minutes, ou jusqu'à ce que les asperges soient tendres. Assaisonnez avec du sel.

Valeurs nutritionnelles par portion

1 g de matières grasses ; 7 g de glucides ; 2 g de fibres ; 3 g de protéines

Desserts

Pommes farcies

Ingrédients

- ½ tasse de noix de Grenoble hachées
- ½ tasse de sucre brun
- ¼ tasse de canneberges séchées
- ½ cuillère à café de cannelle moulue
- ½ cuillère à café de noix de muscade moulue
- ¼ cuillère à café de cardamome moulue
- 4 pommes Red Delicious ou Gala
- Crème glacée végane, pour servir (facultatif)

Préparation

Préchauffez la friteuse à air à 175 °C.

Dans un petit bol, mélangez les noix, le sucre brun, les canneberges, la cannelle, la muscade et la cardamome. Mettez ce mélange de côté.

Coupez juste le dessus des pommes. À l'aide d'un couteau d'office, retirez le cœur, en veillant à garder le fond des pommes intact. Placez les pommes dans le panier de la friteuse, l'ouverture vers le haut.

Remplissez les pommes avec la garniture, en la poussant avec vos doigts pour qu'elle pénètre le plus possible.

Faites frire à l'air les pommes farcies pendant 15 minutes.

Servez les pommes farcies avec votre crème glacée végane préférée (si vous en utilisez).

Conseil culinaire : Si vous n'avez pas de friteuse, placez les pommes farcies dans un plat de cuisson et faites-les cuire au four à 190 °C pendant 30 minutes.

Valeurs nutritionnelles par portion

10 g de matières grasses ; 64 g de glucides ; 5 g de fibres ; 3 g de protéines

<u>Pouding à la noix de coco</u>

Temps de cuisson : **50 minutes**
Rendement : **4 portions**

Ingrédients

- ¾ tasse de sucre brun
- ¼ tasse de flocons de noix de coco non sucrés
- 1 cuillère à café de cardamome moulue
- 6 tasses de lait de coco non sucré
- ½ tasse de riz basmati blanc, ou de riz blanc à long grain, rincé
- 1 cuillère à soupe d'amandes brutes concassées

Préparation

Dans une marmite à feu moyen, faites chauffer l'huile d'olive. Ajoutez le sucre brun, les flocons de noix de coco et la cardamome. Faites-les sauter pendant environ 2 minutes jusqu'à ce que le sucre commence à fondre.

Tout en remuant pour éviter de cristalliser le sucre, versez rapidement le lait de coco. Cela peut coller, mais ne vous inquiétez pas, continuez à remuer jusqu'à ce que le sucre se dissolve.

Ajoutez le riz et portez le pouding à ébullition, en remuant fréquemment.

Baissez le feu et laissez cuire pendant environ 45 minutes, en remuant fréquemment, jusqu'à ce que le riz soit tendre.

Ajoutez les amandes concassées. Laissez cuire, en remuant, pendant 2 minutes.

Laissez le pouding reposer pendant 1 à 2 minutes. Servez-le chaud ou réfrigérez-le et dégustez-le froid plus tard.

Valeurs nutritionnelles par portion

9 g de matières grasses ; 52 g de glucides ; 2 g de fibres ; 2 g de protéines

Biscuits brownies

Temps de cuisson : **15 minutes**
Rendement : **16 portions**

Ingrédients

- 1 cuillère à soupe de farine de lin
- ¾ de tasse de sucre brun
- ¼ tasse de beurre végane
- 1 cuillère à soupe d'extrait de vanille
- ½ tasse de pépites de chocolat véganes
- ½ tasse de farine tout usage
- ½ tasse de farine de sarrasin
- 2 cuillères à soupe de poudre de cacao non sucré
- 2 cuillères à café de levure chimique
- ¼ cuillère à café de sel

Préparation

Dans un petit bol, mélangez la farine de lin et 3 cuillères à soupe d'eau. Mettez ce mélange de côté.

Dans un grand bol, à l'aide d'une cuillère en bois, battez le sucre brun et le beurre pendant 1 à 2 minutes jusqu'à ce que le mélange soit lisse.

Ajoutez la vanille et la farine de lin et battez avec une spatule pendant environ 5 minutes jusqu'à ce que le mélange soit léger et mousseux.

Dans un bol allant au micro-ondes, faites chauffer ¼ de tasse de pépites de chocolat à puissance élevée pendant 1 minute. Remuez jusqu'à ce qu'elles soient complètement fondues et lisses.

Ajoutez le chocolat fondu au mélange de sucre et battez pendant 2 à 3 minutes jusqu'à ce que la pâte soit légère et mousseuse.

Dans un autre grand bol, fouettez la farine tout usage, la farine de sarrasin, la poudre de cacao, la levure chimique et le sel pour les combiner.

Versez les ingrédients humides dans le mélange de farine avec le ¼ de tasse restant de pépites de chocolat et mélangez avec vos mains jusqu'à ce qu'une pâte molle se forme. Enveloppez la pâte dans une pellicule plastique et réfrigérez-la pendant au moins 1 heure.

Préchauffez le four à 175 °C. Tapissez une plaque à pâtisserie de papier cuisson.

Sortez la pâte du réfrigérateur. Elle doit être très ferme. Divisez la pâte en 16 portions et roulez chacune d'elles en une boule de 3 cm. Placez les boules de pâte sur la plaque préparée en les espaçant. Aplatissez délicatement les boules en appuyant dessus avec votre paume.

Faites cuire les biscuits au four pendant 15 minutes. Laissez-les refroidir sur une grille pendant au moins 1 minute.

Les biscuits peuvent avoir l'air défaits. Laissez refroidir complètement pour qu'ils se raffermissent.

Servez les biscuits chauds ou à température ambiante. Conservez les restes dans un contenant hermétique à la température ambiante jusqu'à une semaine.

Conseil de cuisson : Si vous avez une friteuse à air, faites frire les biscuits à 150 °C pendant 5 minutes.

Valeurs nutritionnelles par portion

5 g de matières grasses ; 23 g de glucides ; 1 g de fibres ; 1 g de protéines

Cake au beurre de cacahuète

Temps de cuisson : **2 heures**
Rendement : **6 portions**

Ingrédients

- 1 tasse de farine de sarrasin
- 1 cuillère à soupe de poudre de cacao
- 1 cuillère à café de levure chimique
- ½ cuillère à café de sel
- 2 grosses bananes
- ¾ tasse de sirop d'érable pur
- ½ tasse de beurre de cacahuète crémeux
- 2 cuillères à soupe d'huile d'olive
- 1 cuillère à café d'extrait de vanille
- ½ tasse de pépites de chocolat véganes
- ½ tasse de lait d'amande non sucré

Préparation

Enduisez la mijoteuse d'un spray de cuisson.

Dans un grand bol, à l'aide d'une cuillère en bois, mélangez la farine, la poudre de cacao, la levure chimique et le sel jusqu'à ce qu'il n'y ait plus de grumeaux.

Dans un bol moyen, écrasez les bananes. Incorporez le sirop d'érable, le beurre d'arachide, l'huile d'olive et la vanille en fouettant pendant environ 2 minutes, jusqu'à ce qu'il n'y ait plus de grumeaux. Ajoutez le mélange de bananes au mélange de farine et remuez pour combiner.

Incorporez les pépites de chocolat. Ajoutez le lait d'amande en remuant jusqu'à ce que le tout soit combiné.

Versez la pâte dans la mijoteuse et secouez doucement le pot intérieur pour répartir uniformément la pâte.

Couvrez la mijoteuse et faites cuire à feu vif pendant 2 heures, ou jusqu'à ce qu'un cure-dent inséré au centre en ressorte propre.

Dégustez le cake chaud ou à température ambiante, avec de la crème glacée végane et du sirop de chocolat.

Valeurs nutritionnelles par portion

22 g de matières grasses ; 68 g de glucides ; 7 g de fibres ; 10 g de protéines

Mélange de fruits croustillants

Temps de cuisson : **30 minutes**
Rendement : **6 portions**

Ingrédients

- 1 tasse de pêches congelées
- 1 tasse de framboises congelées
- 1 grosse pomme, coupée en tranches
- ½ cuillère à café de cannelle moulue
- 1 cuillère à café d'extrait de vanille
- 1 tasse de flocons d'avoine à l'ancienne
- ¼ tasse de farine d'amande
- ¼ tasse de sucre brun

Préparation

Préchauffez le four à 190 °C.

Sur une plaque à pâtisserie, mélangez les pêches, les framboises, les pommes, la cannelle et la vanille, en répartissant les fruits en une seule couche.

Saupoudrez uniformément l'avoine sur le mélange de fruits. Ensuite, saupoudrez la farine d'amande uniformément sur l'avoine. Recouvrez le tout avec le sucre brun.

Faites cuire au four pendant 30 minutes jusqu'à ce que le mélange soit bien doré.

Servez chaud avec votre crème glacée végane préférée.

Suggestion de présentation : J'aime faire une grande quantité de ce produit et réfrigérer les restes pendant 3 à 4 jours pour les déguster au petit-déjeuner pour commencer la journée avec des fruits. Déposez-les dans un bol et garnissez-les de votre lait ou yaourt végane préféré.

Valeurs nutritionnelles par portion

3 g de matières grasses ; 32 g de glucides ; 5 g de fibres ; 3 g de protéines

Riz gluant à la mangue

Temps de cuisson : **30 minutes**
Rendement : **6 portions**

Ingrédients

- 2 tasses de lait de coco non sucré
- ½ cuillère à café de cardamome moulue
- ¼ tasse de sucre en poudre
- 1 tasse de riz gluant de haute qualité
- 1 tasse de morceaux de mangue congelés

Préparation

Dans une marmite, mélangez le lait de coco, la cardamome, le sucre en poudre et ½ tasse d'eau.

Rincez soigneusement le riz doux sous l'eau chaude pendant environ 2 minutes. Il commencera à libérer son amidon. Ajoutez immédiatement le riz dans la marmite. Placez la marmite sur feu vif et faites cuire, en remuant continuellement, pendant environ 5 minutes jusqu'à ce que le liquide commence à épaissir.

Baissez le feu, couvrez la marmite et laissez cuire pendant 15 à 20 minutes jusqu'à ce que le liquide soit absorbé. Remuez en prenant soin de racler le fond de la marmite.

Ajoutez la mangue, couvrez à nouveau la marmite et éteignez le feu. Laissez reposer pendant 5 minutes. Mélangez à nouveau et servez le riz à température ambiante ou froid.

Valeurs nutritionnelles par portion

15 g de matières grasses ; 35 g de glucides ; 1 g de fibres ; 4 g de protéines

<u>Crème anglaise au citron vert</u>

Temps de cuisson : **40 minutes**
Rendement : **6 portions**

Ingrédients

- 2 tasses de lait d'amande non sucré
- 2 cuillères à soupe de fécule de maïs
- ¼ tasse de sucre en poudre
- 1 cuillère à soupe de zeste de citron vert râpé
- 1 cuillère à café de jus de citron vert fraîchement pressé

Préparation

Dans une marmite à feu vif, faites cuire le lait d'amande jusqu'à ce qu'il soit chaud, mais pas bouillant.

Baissez le feu à un niveau bas. Ajoutez la fécule de maïs et faites cuire, en fouettant, pendant 1 à 2 minutes jusqu'à ce qu'il n'y ait plus de grumeaux.

Ajoutez le sucre en poudre et fouettez pendant environ 30 secondes jusqu'à ce qu'il se dissolve.

Augmentez le feu à un niveau moyen et faites cuire la crème anglaise pendant environ 30 minutes, en remuant fréquemment pour éviter qu'elle ne déborde.

Éteignez le feu. Sans remuer, ajoutez le zeste et le jus de citron vert et laissez reposer la marmite pendant 2 à 3 minutes. Cela permettra d'éviter le caillage.

Fouettez rapidement le mélange pendant 10 secondes, couvrez la marmite et mettez-la de côté pendant 10 minutes, ou jusqu'à ce qu'elle atteigne la température ambiante.

Réfrigérez la crème dans un récipient hermétique jusqu'au moment de servir. Déposez la crème anglaise sur vos fruits préférés, comme des pommes, des bananes ou des myrtilles.

Valeurs nutritionnelles par portion

1 g de matières grasses ; 8 g de glucides ; 1 g de fibres ; 1 g de protéines

<u>Mousse au chocolat</u>

Temps de cuisson : **10 minutes**
Rendement : **4 portions**

Ingrédients

- 1 cuillère à soupe de farine de lin
- 1 tasse de pépites de chocolat véganes
- ¾ tasse de lait d'amande non sucré
- ¼ tasse de sucre brun
- 1 cuillère à café d'extrait de vanille
- 2 cuillères à café de fécule de maïs
- 2 cuillères à soupe de crème de noix de coco non sucrée
- 2 cuillères à soupe de chocolat végane râpé

Préparation

Dans un petit bol, mélangez la farine de lin et 3 cuillères à soupe d'eau. Mettez ce mélange de côté.

Dans une marmite à feu moyen élevé, combinez les pépites de chocolat, le lait d'amande, le sucre brun et la vanille. Faites cuire pendant 1 à 2 minutes en fouettant continuellement jusqu'à ce que le mélange soit lisse, en vous assurant qu'il ne bout pas.

Baissez le feu à un niveau bas. Ajoutez la fécule de maïs et faites cuire en fouettant jusqu'à ce qu'il n'y ait plus de grumeaux, environ 1 minute.

Incorporez la farine de lin jusqu'à ce que le mélange soit homogène. Augmentez le feu à un niveau moyen élevé et faites cuire pendant 3 à 4 minutes, en fouettant continuellement, jusqu'à ce que le mélange commence à épaissir.

Répartissez le mélange dans 4 ramequins ou petits bols et réfrigérez-les pendant au moins 2 heures. Au moment de servir, garnissez la mousse de crème de noix de coco et de chocolat râpé.

Conseil de variation : Pour changer un peu les saveurs, saupoudrez la mousse d'amandes ou de pistaches hachées, ou d'une poignée de framboises ou de cerises fraîches.

Valeurs nutritionnelles par portion

19 g de matières grasses ; 49 g de glucides ; 3 g de fibres ; 3 g de protéines

Fudge aux amandes

Temps de cuisson : **20 minutes**
Rendement : **4 portions**

Ingrédients

- 2 cuillères à café de beurre végane
- 1 tasse de farine d'amande
- ¼ tasse de sucre brun
- ¼ tasse de lait d'amande non sucré
- ¼ cuillère à café de fils de safran brisés
- ¼ cuillère à café de cardamome moulue

Préparation

Dans une poêle à feu moyen, faites fondre le beurre. Baissez le feu à un niveau bas. Ajoutez la farine d'amande et faites-la sauter pendant environ 5 minutes jusqu'à ce qu'elle devienne odorante. Ne la laissez pas brunir.

Incorporez le sucre brun jusqu'à ce qu'il soit bien mélangé à la farine d'amande.

Ajoutez le lait d'amande, le safran, la cardamome et ¼ tasse d'eau. Remuez pour combiner le tout.

Réglez le feu à un niveau élevé et laissez cuire pendant 2 à 3 minutes, en remuant continuellement, jusqu'à ce que le liquide soit absorbé.

Réglez le feu à un niveau moyen doux et faites cuire pendant 5 minutes supplémentaires, ou jusqu'à ce que le mélange commence à changer de couleur et que le safran soit odorant.

Éteignez le feu. Couvrez la poêle et laissez reposer pendant 2 minutes.

Répartissez le fudge dans des bols et servez chaud.

Valeurs nutritionnelles par portion

16 g de matières grasses ; 25 g de glucides ; 3 g de fibres ; 6 g de protéines

Cobbler aux pêches

Temps de cuisson : **40 minutes**
Rendement : **6 portions**

Ingrédients

- 2 tasses de pêches tranchées
- 2 tasses de poires tranchées
- ¼ tasse de sirop d'érable pur
- 2 cuillères à café de jus de citron fraîchement pressé
- 1 cuillère à café de cannelle moulue
- ½ cuillère à café de gingembre moulu
- 1 tasse de farine de blé complet
- ¼ tasse de sucre brun
- 1 cuillère à café de levure chimique
- ¼ cuillère à café de sel
- 1 tasse de lait d'amande non sucré

Préparation

Préchauffez le four à 200 °C.

Dans une plaque à pâtisserie (de 22 x 33 cm), mélangez les pêches, les poires, le sirop d'érable, le jus de citron, la cannelle et le gingembre jusqu'à ce que le tout soit combiné.

Dans un bol moyen, fouettez la farine, le sucre brun, la levure chimique et le sel jusqu'à ce qu'il n'y ait plus de grumeaux. Ajoutez le lait d'amande et fouettez jusqu'à ce qu'une pâte collante se forme. À l'aide d'une cuillère ou d'une cuillère à biscuits, déposez des cuillerées de pâte sur les fruits, en essayant de couvrir les fruits autant que possible.

Faites cuire au four pendant 35 à 40 minutes, ou jusqu'à ce que le dessus soit doré.

Servez le cobbler chaud avec de la crème glacée végane.

Valeurs nutritionnelles par portion

1 g de matières grasses ; 50 g de glucides ; 6 g de fibres ; 3 g de protéines

<u>Tarte aux pommes déconstruite</u>

Temps de cuisson : **25 minutes**
Rendement : **6 portions**

Ingrédients

- 2 cuillères à soupe de beurre végane
- 5 tasses de tranches de pommes
- 1 cuillère à café de cannelle moulue
- ½ cuillère à café de noix de muscade moulue
- ½ cuillère à café de cardamome moulue
- ¾ tasse de sirop d'érable pur
- ½ tasse de farine tout usage
- ½ cuillère à café de levure chimique
- ⅛ cuillère à café de sel

Préparation

Dans un faitout à feu moyen, faites fondre le beurre. Ajoutez les pommes et faites-les sauter pendant 2 minutes, en vous assurant qu'elles sont bien enrobées de beurre.

Ajoutez la cannelle, la noix de muscade et la cardamome et mélangez bien. Couvrez la marmite et laissez cuire pendant 3 ou 4 minutes jusqu'à ce que le mélange soit odorant.

Incorporez le sirop d'érable. Réglez le feu à un niveau moyen doux, couvrez à nouveau la marmite et laissez cuire pendant 10 minutes.

Dans un bol moyen, mélangez la farine, la levure chimique et le sel. Laissez ce mélange de côté.

Mélangez les pommes une fois de plus et étalez-les en une couche uniforme.

Saupoudrez uniformément le mélange de farine sur les pommes. Mettez le feu à niveau moyen, couvrez à nouveau la marmite et laissez cuire pendant 5 minutes. Remuez le mélange pour le combiner.

Servez le mélange chaud, garni de crème fouettée végane.

Valeurs nutritionnelles par portion

4 g de matières grasses ; 47 g de glucides ; 3 g de fibres ; 1 g de protéines

Soufflé au chocolat

Temps de cuisson : **15 minutes**
Rendement : **6 portions**

Ingrédients

- 1 tasse de farine de lin
- 2 cuillères à soupe de beurre végane
- 1 tasse de pépites de chocolat véganes
- 1 cuillère à café de levure chimique
- ¼ cuillère à café de sel
- ¾ tasse de sucre brun
- 1 cuillère à soupe de cacao en poudre non sucré

Préparation

Enduisez le pot intérieur de l'autocuiseur électrique d'un spray de cuisson.

Dans un grand bol, mélangez la farine de lin et 2½ tasses d'eau. Laissez reposer pendant 5 minutes.

Dans un bol allant au micro-ondes, combinez le beurre et les pépites de chocolat. Faites-les chauffer à puissance élevée pendant 1 minute jusqu'à ce qu'ils soient fondus. Remuez jusqu'à ce que le chocolat soit lisse et crémeux.

Ajoutez à la farine de lin, la levure chimique et le sel, et fouettez jusqu'à ce que la texture devienne gluante. Ajoutez le sucre brun et la poudre de cacao. Fouettez pendant 3 à 4 minutes jusqu'à ce qu'une pâte lisse se forme.

Ajoutez le chocolat fondu et fouettez pendant 1 à 2 minutes jusqu'à ce que la pâte soit homogène. Versez la pâte dans l'autocuiseur préparé. Fermez le couvercle et scellez la valve. Faites cuire à haute pression pendant 10 minutes.

Relâchez la pression avec précaution et ouvrez le couvercle. Laissez reposer pendant 2 minutes. Servez le soufflé chaud.

Conseil de variation : Vous vous sentez très décadent ? Garnissez le soufflé de crème fouettée végane, de baies fraîches et d'un brin de menthe.

Valeurs nutritionnelles par portion

20 g de matières grasses ; 61 g de glucides ; 6 g de fibres ; 5 g de protéines

Blondie aux pépites de chocolat

Temps de cuisson : **40 minutes**
Rendement : **6 portions**

Ingrédients

- 2 grosses bananes mûres, écrasées
- ½ tasse de sirop d'érable pur
- 2 cuillères à soupe de beurre d'amande
- 1 cuillère à soupe d'huile d'olive
- ½ tasse de farine d'amande
- ¼ tasse de farine de pois chiches
- ¼ tasse de farine de lin
- 1 cuillère à café de levure chimique
- ¼ cuillère à café de sel
- ¼ tasse de pépites de chocolat véganes

Préparation

Préchauffez le four à 175 °C. Tapissez une plaque à pâtisserie (de 22 x 33 cm) de papier cuisson. Mettez-la de côté.

Dans un grand bol, fouettez les bananes écrasées, le sirop d'érable, le beurre d'amande et l'huile d'olive pendant 2 à 3 minutes jusqu'à ce que le mélange soit lisse.

Ajoutez la farine d'amande, la farine de pois chiches, la farine de lin, la levure chimique et le sel. Fouettez jusqu'à ce que tout soit bien mélangé. Versez la pâte au centre de la plaque à pâtisserie préparée (ne l'étalez pas pour remplir la plaque). Lissez délicatement le dessus avec une spatule sans l'écraser. Saupoudrez uniformément les pépites de chocolat sur le dessus.

Faites cuire au four pendant 35 à 40 minutes, ou jusqu'à ce que le gâteau soit brun et qu'un cure-dent inséré au centre en ressorte propre. Laissez le gâteau refroidir et coupez-le en 12 carrés.

Conservez les restes dans un contenant hermétique à température ambiante pendant 4 à 5 jours.

Valeurs nutritionnelles par portion

14 g de matières grasses ; 40 g de glucides ; 5 g de fibres ; 6 g de protéines

Produits de base et sauces

Bouillon de légumes

Temps de cuisson : **10 minutes**
Rendement : **5 tasses**

Ingrédients

- 1¼ tasse de carottes finement hachées
- 1 tasse d'oignon finement haché
- 1 branche de céleri finement hachée
- 1 branche de romarin
- 2 cuillères à soupe de pâte de tomate
- 2 cuillères à café de basilic séché
- 2 cuillères à café de persil séché
- 1 cuillère à café d'origan séché
- 1 cuillère à café de sel

Préparation

Dans l'autocuiseur électrique, combinez la carotte, l'oignon, le céleri, le romarin, la pâte de tomate, le basilic, le persil, l'origan, le sel et 6 tasses d'eau. Fermez le couvercle et scellez la valve. Faites cuire à haute pression pendant 10 minutes.

Relâchez la pression avec précaution et ouvrez le couvercle. À l'aide d'un pilon alimentaire, écrasez grossièrement les légumes.

Filtrez le bouillon dans des récipients hermétiques en verre ou en plastique et jetez les solides. Le bouillon se conservera au réfrigérateur jusqu'à un mois.

Conseil de cuisson : Préparez ce bouillon sur la cuisinière. Combinez les ingrédients avec 6 tasses d'eau dans une grande marmite à feu moyen. Couvrez la marmite et faites cuire de 20 à 25 minutes, ou jusqu'à ce que les ingrédients soient tendres. Filtrez le bouillon dans des récipients de stockage comme indiqué.

Valeurs nutritionnelles par tasse

0 g de matières grasses ; 8 g de glucides ; 3 g de fibres ; 1 g de protéines

Queso épicé

Temps de cuisson : **10 minutes**
Rendement : **4 portions**

Ingrédients

- ¼ tasse de noix de cajou crues
- ¼ tasse de levure nutritionnelle
- 1 cuillère à soupe d'assaisonnement pour tacos
- 1 piment chipotle en conserve dans la sauce adobo
- ¼ cuillère à café de curcuma moulu
- Sel

Préparation

Dans une marmite à feu vif, portez 1 tasse d'eau à ébullition. Ajoutez les noix de cajou, la levure nutritionnelle, l'assaisonnement pour tacos, le piment chipotle en adobo et le curcuma. Remuez pour combiner le tout. Éteignez le feu. Laissez refroidir pendant 2 à 3 minutes.

Transférez le mélange dans un mixeur à haute vitesse et mixez jusqu'à ce qu'il soit lisse.

Goûtez et assaisonnez de sel. Servez avec des croustilles de tortilla.

Valeurs nutritionnelles par portion

4 g de matières grasses ; 6 g de glucides ; 2 g de fibres ; 4 g de protéines

<u>Confiture de framboises à la chia</u>

Temps de cuisson : **15 minutes**
Rendement : **1 tasse**

Ingrédients

- 200 g de framboises fraîches
- ½ tasse de sirop d'érable pur
- ½ cuillère à café de gingembre moulu
- 1 cuillère à soupe de graines de chia

Préparation

Dans une marmite à feu vif, mélangez les framboises, le sirop d'érable, le gingembre et les graines de chia. Faites cuire pendant 3 à 4 minutes jusqu'à ce que les framboises soient tendres.

Baissez le feu à un niveau bas. À l'aide d'un pilon, écrasez les framboises dans la marmite.

Augmentez le feu à un niveau moyen et laissez cuire pendant 2 minutes jusqu'à ce que la sauce commence à épaissir. Laissez refroidir pendant 5 minutes pour que la confiture soit à température ambiante. Transférez-la dans un récipient hermétique et réfrigérez-la pendant au moins 2 heures avant de la servir. La confiture se conservera, au réfrigérateur, jusqu'à 1 mois.

Conseil de cuisine : Cette confiture est une excellente façon d'adoucir votre granola et votre yogourt du matin, vos rôties, votre muffin préféré ou vos crêpes du week-end.

Valeurs nutritionnelles par ¼ de tasse

1 g de matières grasses ; 32 g de glucides ; 4 g de fibres ; 1 g de protéines

Beurre de canneberge

Temps de cuisson : **15 minutes**
Rendement : **2 tasses**

Ingrédients

- 350 g de canneberges fraîches
- ¼ tasse de beurre végane
- ¼ tasse de sucre en poudre
- 1 cuillère à soupe d'extrait de vanille
- ⅛ cuillère à café de sel

Préparation

Dans un faitout à feu vif, mélangez les canneberges, le beurre, le sucre en poudre, la vanille et le sel, en remuant jusqu'à ce que le beurre fonde. Couvrez la marmite et laissez cuire pendant environ 5 minutes jusqu'à ce que les canneberges soient en bouillie.

Remuez et laissez refroidir pendant 5 minutes. Transférez le mélange dans un mixeur et mixez-le jusqu'à ce qu'il soit lisse. Déposez le mélange dans un contenant hermétique et réfrigérez-le pendant une heure avant de le servir. Le beurre se conservera, au réfrigérateur, pendant environ une semaine.

Valeurs nutritionnelles par ¼ de tasse

7 g de matières grasses ; 12 g de glucides ; 3 g de fibres ; 0 g de protéines

Lait concentré sucré

Temps de cuisson : **70 minutes**
Rendement : **1 tasse**

Ingrédients

- 1 boîte (400 ml) de lait de coco
- 2 cuillères à soupe de sucre en poudre
- 1 cuillère à café d'extrait de vanille

Préparation

Dans une marmite à feu vif, mélangez le lait de coco, le sucre en poudre et la vanille, en remuant jusqu'à ce que tous les ingrédients se dissolvent, environ 30 secondes.

Baissez le feu à un niveau moyen doux et laissez cuire, en remuant toutes les 5 minutes, pendant environ 1 heure.

Laissez refroidir pendant 10 minutes. Transférez le lait concentré dans un récipient hermétique et réfrigérez-le jusqu'à une semaine.

Valeurs nutritionnelles par tasse

70 g de matières grasses ; 27 g de glucides ; 0 g de fibres ; 5 g de protéines

Sauce satay aux cacahuètes

Temps de cuisson : **2 minutes**
Rendement : **4 portions**

Ingrédients

- 1 tasse de lait de coco non sucré
- ½ tasse de beurre de cacahuète crémeux
- 2 cuillères à soupe de sauce soja
- 2 cuillères à soupe de sucre brun
- ½ cuillère à café de gingembre moulu
- ½ cuillère à café d'ail séché
- 1½ cuillère à soupe de jus de citron fraîchement pressé
- ½ cuillère à café de sel

Préparation

Dans une marmite à feu moyen élevé, fouettez le lait de coco, le beurre de cacahuète, la sauce soja, le sucre brun, le gingembre et l'ail jusqu'à ce que le mélange soit lisse, 1 à 2 minutes. Portez le mélange à ébullition, baissez le feu et continuez à fouetter jusqu'à ce que le mélange commence à épaissir.

Éteignez le feu et ajoutez le jus de citron et le sel en fouettant. Servez la sauce chaude, à température ambiante ou froide. Conservez les restes au réfrigérateur dans un contenant hermétique jusqu'à 2 semaines.

Valeurs nutritionnelles par portion

17 g de matières grasses ; 17 g de glucides ; 2 g de fibres ; 9 g de protéines

Sauce caramel

Temps de cuisson : **30 minutes**
Rendement : **1 tasse**

Ingrédients

- 2 cuillères à soupe de beurre végane
- ½ tasse de sucre brun
- 1 cuillère à soupe d'extrait de vanille
- 2 tasses de lait de coco non sucré
- 2 cuillères à café de fécule de maïs
- ⅛ cuillère à café de sel

Préparation

Dans un faitout à feu moyen élevé, mélangez le beurre et le sucre brun, en remuant jusqu'à ce que le sucre brun soit complètement dissous, environ 1 minute.

Baissez le feu à un niveau bas. Ajoutez la vanille. Lorsqu'elle commence à bouillonner, ajoutez le lait de coco.

Incorporez la fécule de maïs en remuant jusqu'à ce que le mélange soit homogène. Ajoutez le sel et remuez à nouveau.

Augmentez le feu à un niveau moyen et faites cuire pendant environ 25 minutes, en remuant toutes les 5 minutes, jusqu'à ce que le caramel au beurre commence à épaissir. Retirez du feu et laissez refroidir à température ambiante. Transférez le caramel dans un contenant hermétique et réfrigérez-le jusqu'à 2 semaines.

Conseil de cuisine : Lorsque vous incorporez la fécule de maïs, assurez-vous de garder le feu doux pour qu'elle se dissolve facilement sans former de grumeaux.

Valeurs nutritionnelles par tasse

31 g de matières grasses ; 157 g de glucides ; 2 g de fibres ; 0 g de protéines

Chutney de mangue

Temps de cuisson : **20 minutes**
Rendement : **2 tasses**

Ingrédients

- 450 g de morceaux de mangue congelés
- ¼ tasse de sucre en poudre
- 2 piments jalapeños, finement hachés
- ½ cuillère à café de cumin moulu
- ¼ cuillère à café de sel

Préparation

Dans une marmite à feu vif, mélangez la mangue, le sucre en poudre, les piments jalapeños, le cumin et le sel. Faites cuire pendant 4 à 5 minutes jusqu'à ce que la mangue commence à libérer son jus.

Baissez le feu à un niveau moyen doux, couvrez la marmite et laissez cuire pendant 10 à 12 minutes jusqu'à ce que le tout soit bien chaud.

À l'aide d'un presse-purée, écrasez le mélange jusqu'à ce qu'il soit épais et collant.

Retirez du feu et laissez refroidir à température ambiante.

Transférez le mélange dans un récipient en verre hermétique et réfrigérez-le jusqu'à un mois.

Valeurs nutritionnelles par 2 tasses

1 g de matières grasses ; 74 g de glucides ; 5 g de fibres ; 3 g de protéines

Sauce enchilada

Temps de cuisson : **20 minutes**
Rendement : **1 tasse**

Ingrédients

- 2 cuillères à soupe d'huile d'olive
- 1 cuillère à soupe d'ail haché
- 2 cuillères à soupe de farine tout usage
- 1 cuillère à café d'origan séché
- 1 cuillère à café de cumin moulu
- 1 cuillère à café de poudre de chili
- 2 tasses de bouillon de légumes
- 1 cuillère à soupe de pâte de tomate
- 1 cuillère à soupe de vinaigre blanc distillé
- ½ cuillère à café de sel

Préparation

Dans un faitout à feu moyen, faites chauffer l'huile d'olive. Ajoutez l'ail et faites-le sauter pendant environ 30 secondes jusqu'à ce qu'il soit brun. Ajoutez la farine et faites-la sauter pendant environ 2 minutes jusqu'à ce qu'elle soit dorée.

Ajoutez l'origan et le cumin. Faites-les sauter pendant 1 à 2 minutes jusqu'à ce qu'ils soient odorants. Ajoutez la poudre de chili et faites sauter pendant 1 minute de plus.

Incorporez le bouillon de légumes, la pâte de tomates, le vinaigre et le sel. Couvrez la marmite et laissez cuire pendant 5 minutes.

Baissez le feu à un niveau moyen doux et remuez. Couvrez à nouveau la marmite et laissez cuire pendant 10 minutes supplémentaires jusqu'à ce que la sauce épaississe. Laissez-la refroidir. Transférez la sauce dans un récipient hermétique et réfrigérez-la jusqu'à une semaine.

Valeurs nutritionnelles par tasse

29 g de matières grasses ; 27 g de glucides ; 5 g de fibres ; 4 g de protéines

Sauce aux champignons

Temps de cuisson : **35 minutes**
Rendement : **4 portions**

Ingrédients

- 2 cuillères à soupe d'huile d'olive
- 1 cuillère à soupe d'ail haché
- 1 cuillère à café de thym séché
- 1 tasse d'oignon haché
- 200 g de champignons mini-bella tranchés
- 2 cuillères à soupe de farine tout usage
- 2½ tasses de bouillon de légumes
- 2 cuillères à soupe de sauce soja
- ½ cuillère à café de sel
- 1 cuillère à café de poivre noir fraîchement moulu

Préparation

Dans une poêle à feu vif, faites chauffer l'huile d'olive. Ajoutez l'ail et le thym et faites cuire pendant environ 10 secondes jusqu'à ce que l'ail commence à brunir. Ajoutez l'oignon et faites-le sauter pendant environ 2 minutes jusqu'à ce qu'il soit brun.

Baissez le feu à un niveau moyen et ajoutez les champignons. Couvrez la poêle et laissez cuire pendant environ 10 minutes jusqu'à ce que les champignons commencent à brunir.

Incorporez la farine jusqu'à ce qu'elle devienne friable, environ 1 minute.

Incorporez le bouillon de légumes, la sauce soja, le sel et le poivre. Couvrez la poêle et laissez cuire pendant 10 minutes.

À l'aide d'une spatule, remuez de nouveau en raclant le fond de la poêle. Laissez cuire pendant 5 à 10 minutes de plus jusqu'à ce que le mélange commence à épaissir. Servez la sauce chaude.

Valeurs nutritionnelles par portion

7 g de matières grasses ; 12 g de glucides ; 3 g de fibres ; 3 g de protéines

Sauce au beurre et à l'ail

Temps de cuisson : **5 minutes**
Rendement : **¼ tasse**

Ingrédients

- ¼ tasse de beurre végane
- 2 ou 3 gousses d'ail, écrasées
- 1 cuillère à soupe de jus de citron fraîchement pressé
- 2 cuillères à café de zeste de citron râpé

Préparation

Dans un faitout à feu vif, mélangez le beurre, l'ail, le jus de citron et le zeste de citron. Faites cuire pendant 1 à 2 minutes, en remuant continuellement, jusqu'à ce que le beurre soit fondu.

Baissez le feu à un niveau bas et laissez cuire pendant 30 secondes à 1 minute de plus, en remuant, jusqu'à ce que le mélange soit odorant.

Laissez la sauce refroidir à la température ambiante et transférez-la dans un récipient hermétique. Conservez la sauce au réfrigérateur jusqu'à une semaine.

Valeurs nutritionnelles par ¼ de tasse

44 g de matières grasses ; 4 g de glucides ; 1 g de fibres ; 1 g de protéines

Trempette chaude au maïs

Temps de cuisson : **15 minutes**
Rendement : **2 tasses**

Ingrédients

- 2 cuillères à soupe d'huile d'olive
- 1 cuillère à café d'ail séché
- 1 cuillère à soupe de farine tout usage
- ½ tasse de lait de coco non sucré
- 200 g de fromage à la crème végane
- 2 cuillères à soupe de levure nutritionnelle
- 1 piment jalapeño, finement haché
- 1 cuillère à café de poivre noir fraîchement moulu
- 3 tasses de maïs congelé
- Sel

Préparation

Dans un faitout à feu vif, faites chauffer l'huile d'olive.

Baissez le feu à un niveau moyen. Ajoutez l'ail et la farine et faites-les sauter pendant 1 minute.

Incorporez le lait de coco en fouettant et laissez cuire pendant environ 30 secondes jusqu'à ce que le mélange commence à s'épaissir.

Incorporez le fromage à la crème, la levure nutritionnelle, le piment jalapeño et le poivre noir, en remuant jusqu'à ce que le mélange soit complet.

Incorporez le maïs. Couvrez la marmite et laissez cuire pendant environ 10 minutes jusqu'à ce que le maïs soit tendre.

Remuez le mélange pour le combiner complètement, goûtez et assaisonnez de sel, et servez chaud. Conservez les restes dans un contenant hermétique au réfrigérateur pendant 3 à 4 semaines.

Conseil de cuisine : Portez des gants lorsque vous manipulez le jalapeño pour éviter que l'huile n'entre en contact avec votre peau.

Valeurs nutritionnelles par ½ tasse

23 g de matières grasses ; 41 g de glucides ; 4 g de fibres ; 12 g de protéines

Sauce béchamel

Temps de cuisson : **20 minutes**
Rendement : **2 tasses**

Ingrédients

- 2 cuillères à soupe d'huile d'olive
- 2 cuillères à soupe de farine tout usage
- 2½ tasses de lait de coco non sucré
- 1 cuillère à café de sel
- 1 cuillère à café de poivre noir fraîchement moulu

Préparation

Faites chauffer une marmite à feu vif.

Baissez le feu à un niveau moyen doux. Ajoutez l'huile d'olive et la farine et faites-les sauter pendant environ 3 minutes jusqu'à ce que la farine soit odorante. Ne laissez pas la farine brunir.

Incorporez le lait de coco, le sel et le poivre. Augmentez le feu à un niveau moyen, couvrez la marmite et laissez cuire pendant 10 minutes. Remuez. Laissez cuire pendant environ 5 minutes supplémentaires jusqu'à ce que la sauce épaississe un peu.

Conservez les restes dans un contenant hermétique au réfrigérateur jusqu'à 2 semaines.

Conseil culinaire : La béchamel peut être utilisée dans tous les plats nécessitant une sauce blanche, comme les lasagnes, le gratin, les pommes de terre sautées ou les macaronis au fromage.

Valeurs nutritionnelles par ½ tasse

10 g de matières grasses ; 4 g de glucides ; 1 g de fibres ; 0 g de protéines

<u>Trempette chaude aux épinards</u>

Temps de cuisson : **20 minutes**
Rendement : **1 tasse**

Ingrédients

- 1 cuillère à soupe d'huile d'olive
- 200 g de fromage à la crème végane
- 2 cuillères à soupe de lait de coco non sucré
- 1 cuillère à café d'ail séché
- 2 cuillères à soupe de levure nutritionnelle
- ½ cuillère à café de sel
- 1 cuillère à café de poivre noir fraîchement moulu
- 170 g de pousses d'épinards frais

Préparation

Dans une poêle à feu vif, faites chauffer l'huile d'olive. Ajoutez le fromage à la crème, le lait de coco et l'ail. Faites-les cuire pendant environ 1 minute, en remuant, jusqu'à ce que le fromage à la crème fonde.

Baissez le feu à un niveau moyen. Incorporez la levure nutritionnelle, le sel et le poivre.

Ajoutez les épinards et mélangez-les. Couvrez la poêle et laissez cuire pendant environ 10 minutes jusqu'à ce que les épinards se fanent. Remuez. Laissez cuire encore 5 minutes et servez immédiatement. Conservez les restes au réfrigérateur dans un contenant hermétique jusqu'à 2 semaines.

Valeurs nutritionnelles par ½ tasse

36 g de matières grasses ; 23 g de glucides ; 4 g de fibres ; 18 g de protéines

Sauce arrabbiata

Temps de cuisson : **25 minutes**
Rendement : **1 tasse**

Ingrédients

- 2 cuillères à soupe d'huile d'olive
- 1 cuillère à soupe d'ail haché
- 3 tasses de tomates finement hachées
- 1 cuillère à soupe de pâte de tomate
- 2 cuillères à café de flocons de piment rouge
- 1 cuillère à café de sel
- 1 cuillère à café de poivre noir fraîchement moulu
- 2 cuillères à soupe de basilic frais haché

Préparation

Dans une poêle à feu vif, faites chauffer l'huile d'olive. Ajoutez l'ail et faites-le sauter pendant environ 10 secondes jusqu'à ce qu'il soit brun.

Incorporez la tomate, la pâte de tomate, les flocons de poivre rouge, le sel et le poivre noir. Réglez le feu à un niveau moyen. Couvrez la poêle et laissez cuire pendant 15 à 20 minutes jusqu'à ce que la sauce réduise légèrement.

Mélangez bien, en raclant le fond de la poêle. Ajoutez ¼ tasse d'eau et portez le mélange à ébullition.

Incorporez le basilic et servez la sauce comme vous le souhaitez.

Valeurs nutritionnelles par ½ tasse

15 g de matières grasses ; 16 g de glucides ; 3 g de fibres ; 3 g de protéines